广州老年教育特色项目丛书
马 林 郑 淮 ◎丛书主编

YANGLAO JIGOU
LAONIANREN XINLI FUDAO ZHINAN

养老机构
老年人心理辅导指南

林荣真 主编

中山大学出版社
·广州·

图书在版编目（CIP）数据

养老机构老年人心理辅导指南/林荣真主编.
广州：中山大学出版社，2024.10. ——（广州老年教育特色项目丛书/马林，郑淮总主编）. ——ISBN 978-7-306-08183-4

Ⅰ. B844.4；R161.7
中国国家版本馆 CIP 数据核字第 202405J84Z 号

出 版 人：	王天琪
策划编辑：	杨文泉
责任编辑：	罗雪梅
封面设计：	曾　斌
责任校对：	杨曼琪
责任技编：	靳晓虹
出版发行：	中山大学出版社
电　　话：	编辑部 020-84110283，84113349，84111997，84110779
	发行部 020-84111998，84111981，84111160
地　　址：	广州市新港西路 135 号
邮　　编：	510275　　传　真：020-84036565
网　　址：	http://www.zsup.com.cn　E-mail：zdcbs@mail.sysu.edu.cn
印 刷 者：	广州一龙印刷有限公司
规　　格：	850mm×1168mm　1/32　3.875 印张　74 千字
版次印次：	2024 年 10 月第 1 版　2024 年 10 月第 1 次印刷
定　　价：	36.00 元

如发现本书因印装质量影响阅读，请与出版社发行部联系调换

编委会

顾　问　熊　军　张信和　孙朝霞　黄　汐
　　　　　陈咏梅
总主编　马　林　郑　淮
主　编　林荣真
副主编　付佳豪　温雪珍
编　委　李宝华　陈文娟　陈泽丰　李　婧
　　　　　刘　敏　滕　一　黄丽媛　曾姝倩

广州南沙区养老院正门（广州南沙区养老院提供）

老年人庆祝节日（广州南沙区养老院提供）

广州南沙区鱼窝头敬老院揭牌仪式(广州南沙区鱼窝头敬老院提供)

广州南沙区鱼窝头敬老院综合楼（广州南沙区鱼窝头敬老院提供）

老年人活动室（广州南沙区鱼窝头敬老院提供）

老年人心理辅导室(广州南沙区鱼窝头敬老院提供)

老年人打牌活动（广州南沙区鱼窝头敬老院提供）

老年人健身娱乐活动（广州南沙区鱼窝头敬老院提供）

老年人集体庆生生活动（广州南沙区鱼窝头敬老院提供）

老年人参加健身讲座活动(广州南沙区鱼窝头敬老院提供)

老年人折纸手工活动（广州南沙区鱼窝头敬老院提供）

老年人插花手工活动(广州南沙区鱼窝头敬老院提供)

老年人写春联活动(广州南沙区鱼窝头敬老院提供)

老年人健身操练习活动(广州南沙区鱼窝头敬老院提供)

老年人猜灯谜活动(广州南沙区鱼窝头敬老院提供)

老年人观看文艺表演活动(广州南沙区鱼窝头敬老院提供)

编写说明

发展老年教育是进一步完善我国终身教育体系的重要举措，符合我国积极应对人口老龄化国家战略的要求。广州在20世纪80年代初就开办了老年大学，目前已构建了"数量、质量、特色"三维并举的老年教育公共服务供给体系。2020年，广州市人民政府教育督导室对全市老年教育发展情况开展了专项督导工作，广州市老年教育发展总体上完成了"十三五"期间国家《老年教育发展规划（2016—2020年）》规定的指标要求。同时，广州也开展了关于老年教育的系列课题研究工作，其中包括广州开放大学（原广州市广播电视大学）于2020年设立的科研基金项目"养教结合理念下高龄老年教育特色课程的实践研究"（2020KYYB007）。本书是该课题的理论与实践研究成果，列入了"广州老年教育特色项目丛书"，由国家开放大学（广州）老年开放大学南沙学院组织编写，华南师范大学教育科学学院的马林、郑淮担任丛书总主编，广州市南沙区教育局的林荣真担任本册主编，副主编由广东外语外贸大学从化实验小学的付佳豪和华南师范大学教育科学学院的温雪珍担任，编委由李宝华、陈文娟、陈泽丰、李婧、刘敏、黄丽媛、曾姝倩和滕一担任。

本书在编写过程中得到了广州开放大学、广州市南沙区教育局、广州市南沙区民政局、广州南沙区养老院、广州南沙区鱼窝头敬老院等单位的大力支持。同时，本书也参考引用了相关的专业学术资料，在此一并表示感谢。

由于目前针对养老机构老年人心理辅导的研究尚处于探索过程，我们的编写思路和内容可能不够完善，恳请专家和读者对本书提出宝贵意见。

本书编委会

2024 年 2 月 14 日

目 录

上编 养老机构老年人心理辅导概述 …………… (1)
 一、养老机构介绍 ……………………………… (2)
  (一) 养老机构概述 ………………………… (2)
  (二) 养老机构的类型 ……………………… (2)
  (三) 小结 …………………………………… (4)
 二、养老机构老年人介绍 ……………………… (5)
  (一) 广州市人口老龄化的基本情况 …… (5)
  (二) 养老机构老年人的主要特征 ……… (6)
 三、养老机构老年人的心理需求 …………… (8)
  (一) 安全需求 ……………………………… (8)
  (二) 文化娱乐需求 ………………………… (8)
  (三) 情感需求 ……………………………… (9)
  (四) 人际交往需求 ………………………… (9)
  (五) 自我实现需求 ………………………… (9)
  (六) 小结 …………………………………… (10)
 四、养老机构老年人心理辅导情况的调查 … (11)
  (一) 养老机构老年人心理辅导情况问卷
    调查与分析 …………………………… (11)
  (二) 养老机构老年人心理辅导情况访谈
    调查与分析 …………………………… (16)

五、养老机构老年人心理辅导介绍 …………（23）
　　（一）养老机构老年人心理辅导概述
　　　　……………………………………（23）
　　（二）养老机构老年人心理辅导的策略
　　　　……………………………………（24）

下篇　养老机构老年人心理辅导案例 …………（27）
　一、适应不良的心理辅导 …………………（28）
　　（一）概述 ……………………………（28）
　　（二）辅导案例 ………………………（29）
　二、孤独感的心理辅导 ……………………（41）
　　（一）概述 ……………………………（41）
　　（二）辅导案例 ………………………（42）
　三、抑郁的心理辅导 ………………………（49）
　　（一）概述 ……………………………（49）
　　（二）辅导案例 ………………………（50）
　四、怀旧感的心理辅导 ……………………（56）
　　（一）概述 ……………………………（56）
　　（二）辅导案例 ………………………（56）
　五、无价值感的心理辅导 …………………（65）
　　（一）概述 ……………………………（65）
　　（二）辅导案例 ………………………（67）
　六、易怒的心理辅导 ………………………（73）
　　（一）概述 ……………………………（73）

（二）辅导案例 …………………………（73）

七、执拗的心理辅导 ………………………（80）

　　（一）概述 ………………………………（80）

　　（二）辅导案例 …………………………（81）

八、死亡焦虑的心理辅导 …………………（87）

　　（一）概述 ………………………………（87）

　　（二）辅导案例 …………………………（87）

参考文献 ……………………………………（94）

上 编

养老机构老年人心理辅导概述

一、养老机构介绍

（一）养老机构概述

根据我国民政部发布的《养老机构管理办法》（中华人民共和国民政部令第 49 号），养老机构是指依法办理登记，为老年人提供全日集中住宿和照料护理服务，床位数在 10 张以上的机构。这是首次从国家政策层面明确了养老机构的概念，该定义聚焦于养老机构的功能，并强调养老机构应具有两方面的功能：一是为老年人提供集中居住的场所；二是为老年人提供照料服务。照料服务包含的内容很广泛，《养老机构管理办法》具体提出了养老机构的服务内容应包括基本生活照料、康复护理、精神慰藉、文化娱乐等。

（二）养老机构的类型

养老机构包括营利性养老机构和非营利性养老机构。营利性养老机构，主要是民办民营；非营利性养老机构又可分为公办公营和公办民营两种类型。不同类型的养老机构在保障对象、服务方式、资金筹集等方面具有差异。

1. 公办公营型养老机构

公办公营型养老机构是由当地政府全额拨款投资建设并负责运营和管理的养老机构。主要接收政府供养保障对象，其中包括"三无"人员、"五保户"等家庭经济困难的老人。该类型的养老机构在我国老年社会福利事业体系中起到托底保障的基本作用。以广州市南沙区大岗镇敬老院为例，该敬老院依照《农村五保供养工作条例》等规章的规定，为农村"五保户"老人提供集中供养服务。

2. 公办民营型养老机构

公办民营型养老机构作为一种新兴的养老机构运营模式，由政府出资建设养老服务设施，以竞争性谈判和公开招标等方式，将新建养老机构的运营管理权以承包、租赁和委托运营等形式转让给社会组织或民间机构，为社会提供专业化养老服务。

以广州市南沙区养老院为例，该项目由南沙区人民政府投资3.4亿元建设，建筑面积3.9万平方米，占地3.3万平方米，设医疗护理床位53张，养老床位433张，委托幸福颐养养老中心运营管理，内设护理院，是广州市首家公办民营型养老机构，于2017年5月26日正式开业运营。该养老院主要提供生活照护服务、膳食服务、清洁卫生服务、洗涤服务、医疗护理服务、文化娱乐服务、心理与精神支持服务、安宁服务、委托服务、康复服务、教育服务、居家上门服务及中医慢性病管理服务，可收住自理、半失能和全失能老人。

3. 民办民营型养老机构

民办民营型养老机构由社会力量投资兴办，机构所有权和运营权都归社会组织或私人所有，具有独立的法人资格，是以自筹资金、自主经营和自负盈亏的方式运营的养老机构。

以南沙区大岗镇颐康中心为例，该中心建设面积约为2350平方米，设有养老床位58张，其中护理型床位50张，日托休息床8张，由广州市南沙区康迪智慧健康养老服务中心运营管理。该中心内设有医疗服务机构，具备全托、日托、上门服务、对下指导、统筹调配资源等综合功能，提供日间托老、临时托养、康复护理、生活照料、助餐配餐、文化娱乐、居家改造、辅具租赁、医疗保健等综合服务。

（三）小结

根据广州市民政局发布的《2023年广州市养老机构基本信息表》，广州现有养老机构283家，其中公办公营型养老机构有45家，公办民营型养老机构有12家，民办民营型养老机构有226家。

上述三种机构养老模式中，公办公营型养老机构按照公示的统一价格收费，采用轮候的方式优先为特殊老人提供无偿或低收费养老服务；公办民营型养老机构按照公示的指导价格收费；民办民营型养老机构则按照市场价格收费。

二、养老机构老年人介绍

（一）广州市人口老龄化的基本情况

《中华人民共和国老年人权益保障法》第 2 条规定老年人的年龄起点标准是 60 周岁，即凡年满 60 周岁的中华人民共和国公民都属于老年人。

根据广州市老龄工作委员会办公室和广州市统计局联合发布的《2021 年广州市老年人口数据手册》，2021 年，全市 60 岁及以上户籍人口 184.82 万人，占户籍人口的比例为 18.27%；65 岁及以上户籍人口 134.83 万人，占户籍人口的比例为 13.33%。广州市人口老龄化区域分化明显，从 11 个行政区 60 岁以上户籍老年人口占户籍总人口的比例来看，荔湾区、越秀区、海珠区位居前三位，分别为 29.31%、27.23%、26.72%，也是 11 个行政区中 60 岁以上户籍老年人口占户籍总人口比例超过 20% 的 3 个区域，按照联合国关于老龄化社会的划分标准，荔湾区、越秀区、海珠区处于中度老龄化阶段。白云区、南沙区、花都区、天河区、增城区、从化区、番禺区和黄埔区 60 岁以上户籍老年人口占户籍总人口的比例分别为 16.29%、15.39%、14.57%、14.11%、13.61%、13.55%、13.51%、12.46%，上述八区处于轻度老龄化阶段。

(二) 养老机构老年人的主要特征

北京大学人口研究所乔晓春利用第七次全国人口普查总人口的 10% 作为样本数据，计算出年龄在 60 岁及以上老年人中入住养老机构的老年人占全部样本老年人的比例，并结合老年人的性别、年龄、婚姻和健康状况，揭示出入住养老机构老年人的主要特征。

1. 性别、年龄特征

入住养老机构的男性老年人人数明显比女性老年人人数要多，其中入住养老机构的男性老年人占比为 57.5%，女性占比为 42.5%；入住养老机构的男性老年人平均年龄为 75.5 岁，入住养老机构的女性老年人平均年龄为 81.1 岁，入住养老机构的女性老年人比入住养老机构的男性老年人平均年龄大 5.6 岁。很明显，很多男性老年人在老龄化低年龄时就入住了养老机构，而绝大多数女性老年人到了老龄化高年龄以后才入住养老机构。

2. 婚姻状况特征

入住养老机构老年人的婚姻结构以丧偶老人数量最多，占全部入住养老机构老年人的 48.0%；排在第二位的是未婚老年人，占 31.2%；有配偶的老年人入住养老机构的占 18.4%；离婚的老年人占 2.4%。

3. 健康状况特征

越是健康状况差的老年人，特别是生活不能自理的老年人，入住养老机构的比例越高。入住养老机构中的老年人，占比最高的是基本健康（30.7%），其次是不健康但生活能够自理（29.6%），排在第三位的是不健康同时生活不能自理（26.7%），比例最低的是健康老年人（13.0%）。

三、养老机构老年人的心理需求

养老机构老年群体的心理需求一般包括安全需求、文化娱乐需求、情感需求、人际交往需求和自我实现需求五个层次。

(一) 安全需求

养老机构中的老年人渴望安全感,他们的不安全感主要来源于身体健康状况和经济保障两方面:一方面,养老机构中的老年人,身体机能大多处于衰退的状态,他们渴望自己的健康保持在一定的水平;另一方面,他们自主支配经济的权利在一定程度上受到限制,而且住在养老机构中,对家庭经济状况不甚了解,这加剧了他们的不安全感。

(二) 文化娱乐需求

老年人入住养老机构后,熟悉的生活方式被打乱,对环境十分陌生,使得入住初期的老年人的生活显得孤寂和无聊,闲暇时间大大增加,因此,对文化娱乐的需求就更加凸显。通过一些有益的文化娱乐活动可以帮助老年人忘掉孤独,摆脱寂寞,增进身心健康。

（三）情感需求

情感需求是老年人的一种普遍的精神需求，入住养老机构的老年人与家人的距离拉大，使老年人的情感需求变得异常强烈。老年人外显的感情色彩虽然没有年轻人那么强烈，但是他们同样具有非常丰富的感情世界。一方面，他们渴求有自己所爱的人，并把这些人作为自己感情的寄托和生命的支柱；另一方面，又渴求获得他人的爱，害怕孤独和寂寞，期望享受天伦之乐，渴望得到他人的关怀和照顾。儿孙绕膝承欢、老伴相濡以沫是绝大多数老年人心中理想的生活。子女的孝敬、配偶的关爱和亲属的关怀能够使老年人的精神需求获得满足。

（四）人际交往需求

老年人有通过人际交往获得各种信息并得到感情宣泄机会的需求。由于选择了机构养老，老年人离开了熟悉的生活环境，或因身体原因行动不便，交往圈子明显缩小，因而倍感无聊和失落。他们渴求与他人交流，在各种活动中结交新朋友，形成新的人际交往圈。

（五）自我实现需求

老年人有老有所为、老有所用和老有所成的愿望。部分入住养老机构的老年人尽管已经卸下了工作和生活的重担，但是依然期望自己生活得有意义，更期望自己对他人和社会有价值。这种需求体现了老年人对人生境界、人格尊严和自我价值的追求。自我价值的实现能使人长时间地在精神上感到喜悦、满足和幸福，体会到生活的美好。这就是美国心理学家马斯洛所说的"高峰体验"。美国学者罗伯特·哈维格斯特提出的"活动理论"认为，老年人应该积极参与社会。只有参与社会，老年人才能重新认识自我，保持生命的活力。

（六）小结

入住养老机构的老年人的心理需求随着入住时间的长短、环境的变化呈现动态性。入住初期，老年人刚刚远离家庭进入新的环境，不适应和不安全感最为强烈，安全需求和情感需求成为最主要的需求。随着对环境和周围人群的熟悉，老年人的人际交往和自我实现的需求呈上升趋势。每逢重要节日或纪念日，情感需求可能又会成为老年人的主要需求。

四、养老机构老年人心理辅导情况的调查

国家开放大学（广州）老年开放大学南沙学院专门成立了养老机构老年人心理辅导情况调研小组，于2023年开展了广州市各区养老机构老年人心理辅导现状的情况调查。本次进行的是问卷调查和访谈调查，经统计分析后形成本调查报告。

（一）养老机构老年人心理辅导情况问卷调查与分析

1. 调查对象及问卷内容

（1）调查对象。本次选取广州市各区养老机构的管理人员、护理人员和社工人员等作为调查对象，共计下发问卷200份，回收有效问卷130份。从性别分布上看，参加本次调查的人员中，女性98名（75.38%），男性32名（24.62%）。从年龄分布上看，被调查人员中，41～50岁的人数为50人（38.46%），30岁及以下的人数为37人（28.46%），31～40岁的人数为23人（17.69%），51～60岁的人数为19人（14.62%），61岁的人数为1人（0.77%）。从养老机构单位类别上看，在养老院工作的人数为110人（84.62%），在敬老院工

作的人数为 10 人（7.69%），在日托机构工作的人数为 2 人（1.54%），在居家养老机构工作的人数为 3 人（2.31%），在其他老年服务机构工作的人数为 5 人（3.85%）。从工作性质上看，参与本次调查的人员中，护理人员 63 名（48.46%），后勤人员 20 名（15.38%），医疗人员 16 名（12.31%），管理人员 15 名（11.54%），社工 14 名（10.77%），其他人员 2 名（1.54%）。从学历水平上看，初中及以下 49 名（37.69%），高中或中专 17 名（13.08%），大专 37 名（28.46%），本科及以上 27 名（20.77%）。本次及调查采取的是抽样调查，调查对象的选择相对合理。

（2）问卷内容。问卷内容包括养老机构工作人员的基本情况、养老机构老年人常见的心理健康问题、养老机构工作人员了解和解决老年人心理健康问题的方式，以及养老机构工作人员在辅导老年人心理健康时面临的最大困惑四个方面的内容。问卷共 14 道题，主要分为三大部分。第一部分，了解养老机构工作人员的情况，包括性别、年龄、工作时间、学历等基本情况和他们对老年人心理辅导的了解程度。第二部分，了解养老机构工作人员对养老机构老年人心理辅导工作的关注度，包括工作人员以什么方式了解老年人心理辅导的相关问题、通过何种途径获得老年人心理辅导的知识、遇到过什么老年人心理健康问题等。第三部分，了解养老机构工作人员在老年人心理辅导工作方面希望获得的支持和帮助。

2. 调查结果分析

（1）工作人员了解老年人心理健康问题的方式和获取老年人心理健康知识的途径见表1和表2：

表1　了解老年人心理健康问题的方式

了解方式	占比（%）
与老年人交流	69.23
网络和电视	13.85
书籍、杂志、报纸	10.00
其他途径	6.92

调查结果显示，对于老年人心理健康问题，大部分工作人员（69.23%）是从与老年人交流过程中了解到的。

表2　获取老年人心理健康知识的途径

获取途径	占比（%）
工作中摸索	45.38
岗位培训	44.62
有关书籍自学	7.69
其他途径	2.31

调查结果显示，90%的工作人员是从工作和岗位培训中获取老年人心理健康知识的。

由此可见，工作人员对老年人心理健康问题的认知主要来自工作，在与老年人交流中发现问题，通过工作实践和岗位培训获取解决问题的办法。

（2）工作人员对养老机构中老年人心理健康问题的认知状况见表3：

表3　工作中遇到的老年人的主要心理问题

心理问题	占比（%）
抑郁	78.46
孤独感	62.31
适应不良	50.00

调查结果显示，工作人员在工作期间遇到的老年人心理问题主要是抑郁（78.46%）、孤独感（62.31%）和适应不良（50%）。另外，易怒、执拗、无价值感、怀旧感和死亡恐惧也是比较常见的老年人心理健康问题。

（3）工作人员在养老机构中针对老年人心理健康问题的解决方式见表4：

表4　解决老年人心理健康问题的方式

解决方式	占比（%）
寻求专业帮助	46.29
与同事讨论	40.00
查阅书籍和网络搜索	6.92
其他途径	6.79

调查结果显示,工作人员解决老年人心理健康问题的主要方式是寻求专业帮助和与同事讨论。

(4) 对养老机构老年人开展心理辅导的效果见表5:

表5 对老年人开展心理辅导的效果

辅导效果	占比(%)
较好	68.46
较差	31.54

调查结果显示,针对是否能有效地解决养老机构中老年人心理问题,68.46%的工作人员认为对老年人开展心理辅导能够有效地解决老年人的心理问题,31.54%的工作人员认为该方式不能有效地解决老年人的心理问题。

(5) 养老机构对老年人心理辅导工作人员采取的培训方式见表6:

表6 养老机构对老年人心理辅导工作人员的培训方式

培训方式	占比(%)
集中授课	7.69
个别沟通	15.38
自学	3.85
多种方式结合	73.08

调查结果显示,养老机构对老年人心理辅导工作人

员的培训方式主要是多种方式结合（73.08%），其次是个别沟通（15.38%）和集中授课（7.69%），有极少部分（3.85%）是由工作人员自学。

（5）工作人员希望得到的支持和帮助：

在调查问卷里，最后一个是开放性问题，即，对于在养老机构开展老年人心理辅导，您最希望得到的支持和帮助是什么？通过整理调查资料可归纳如下：

第一，工作人员希望锻炼自身应对老年人心理辅导工作的能力，希望开展更多的老年人心理辅导工作培训活动，学习更多关于老年人心理辅导工作的专业知识，提高自身理论与实践相结合的能力。

第二，工作人员希望在面对某个老年人心理健康问题时，能够知晓具体的解决措施，能够高效地开展老年人心理辅导工作。

第三，工作人员希望养老机构工作团队中的人员组成能够进一步完善，应该合理地增加心理咨询师、社工等工作人员，并且希望能够得到相关领导的理解和支持。

（二）养老机构老年人心理辅导情况访谈调查与分析

1. 访谈对象

本次选取了不同养老机构中不同岗位的工作人员作

为访谈调查的对象，分别对南沙区养老院 L 院长、东涌镇鱼窝头敬老院 G 护理员和南沙街敬老院 H 社工就养老机构老年人心理辅导工作和如何编写《养老机构老年人心理辅导指南》（本书）进行了访谈。

2. 访谈内容

访谈调查的内容主要围绕四个问题展开：

①您在养老机构开展老年人心理辅导的过程中主要有哪些方面的感受？

②您觉得养老机构里的老年人存在心理健康问题吗？具体体现在哪些方面？

③您是怎么应对养老机构老年人在日常生活中出现的心理问题的？

④您希望《养老机构老年人心理辅导指南》一书介绍哪些方面的老年人心理辅导知识？

本次访谈调查从养老机构工作人员自身开展老年人心理辅导工作的情况出发，引导他们进行思考，这不仅有利于工作人员进一步改善工作，也为编写《养老机构老年人心理辅导指南》一书提供了有效的信息支持。访谈内容简要总结如下：

（1）经过访谈发现，访谈对象普遍认为在养老机构中从事老年人服务工作是一件开心、快乐的事情，能够帮助老年人在养老机构中开心、安心地生活，让他们更好地安享晚年。

我觉得我在养老机构工作很快乐,能帮助到老年人及家属,看到老年人开心的笑容,得到老年人家属的肯定。不快乐的方面主要是养老政策法规目前还不够完善,社会各界对养老工作不够重视。(南沙区养老院 L 院长)

我在敬老院工作,感觉是非常快乐的。首先,敬老院的工作氛围非常好,同事之间经常互相帮助,相互配合,这样能够更好地完成工作,而且大家也相处得非常融洽,不会有很多冲突和摩擦。其次,敬老院的工作主要是为老人提供托养服务,包括对老年人开展心理辅导,我们的工作中心始终围绕着老年人,这其实是一件非常有价值的事情。能为老年人的晚年生活提供一些帮助,让老人们在敬老院里安享晚年,我觉得自己的工作是有意义的。(南沙区东涌镇鱼窝头敬老院 G 护理员)

能够在生活上和精神上帮助老年人,看到老人们住得安心、开心,就是我们的快乐。不过在敬老院总会遇到生离死别的时刻,每当这时,我们的心里就会感到不舒服。(南沙区南沙街敬老院 H 社工)

可见,养老机构的各类工作人员对自身职业的认同度较高,能够从工作中感受到自身的价值。

(2)经过访谈发现,访谈对象普遍认为养老机构中的老年人存在一定的心理健康问题。

养老机构的老人确实存在一定的心理问题，比如离开了家庭会导致其焦虑、抑郁、暴躁易怒。还有家人关注度的减少会导致他们产生失落感。爱人的逝去会导致他们产生缺失感。老人们也很敏感，会对很多事情斤斤计较，家人及工作人员稍微疏忽就会刺激他们的心理。有些老人把钱财看得很重，总是担心别人算计他。身体衰退的不适导致老人产生对死亡的焦虑和恐惧感。有些老人经常怀疑护工偷了自己的东西。有些老人因为看不惯其他老人的不良行为而发怒大骂。有些老人因为缺少家人的关爱而感到孤独、无助。

通过护理人员和社工日常工作的反馈来看，我们院里的老人对我们的养老服务是挺满意的，住得挺开心的。我们也会定期和老人谈话，了解他们的心理状况，如果觉察到老人有烦心事，我们会尽力去帮助他们。除此之外，我们还会为老人举办一些休闲娱乐活动，让老人的老年生活更加充实。（南沙区养老院 L 院长）

对于老人日常生活中出现的心理问题，我一般是在尊重他们的情况下和他们沟通解决问题，让他们感受到我很重视他们。答应他们的事一定要做到，不能让他们感受到你在敷衍他们。

我们会定期与老人谈心，了解他们的心理活动，当我们觉察到老人的情绪有波动时，会主动了解是什么事情导致老人情绪波动。然后，我们会根据实际情况，为老人提供力所能及的帮助，而且会及时告知老人的家属。在需要家属帮忙的时候，也会借助家属的力量，希望可以帮助老人解决烦恼，舒缓心理压力。如果我们尽力了还是无法帮助老人，我们会建议老人家属带老人去寻求专业心理医生的帮助。

同时，针对生活中的各种问题，多与老人沟通、解释，鼓励老人参加院内活动，及时与家属沟通。（南沙区南沙街敬老院 H 社工）

养老机构的各类工作人员普遍重视老年人的心理健康问题，十分关心老年人在养老机构的心理状态，通过各种方式，尽自己最大努力帮助老年人解决心理问题。

（3）经过访谈发现，访谈对象认为掌握老年人心理辅导知识是非常必要的，而且要把理论知识与实际情况相结合。

掌握老年人心理辅导知识，懂得与老年人沟通的技巧，有助于解决养老机构老年人的心理问题。

> 我觉得做养老服务工作是一个不断学习的过程，很多书本上的知识需要结合实际情况才能更好地帮助老人。
>
> 我们希望可以系统地学习老年人心理辅导方面的知识，以及一些预防和应对老年人心理健康问题的方法。（南沙区东涌镇鱼窝头敬老院 G 护理员）

养老机构的工作人员迫切需要接受老年人心理辅导方面的专业培训，系统地学习老年人心理辅导的专业知识和方法。

（4）对于《养老机构老年人心理辅导指南》一书，访谈对象希望本书能够介绍老年人心理辅导知识，尤其希望能够看到相关的案例，以便从案例中获得启示和方法。

> 在《养老机构老年人心理辅导指南》一书中，我希望不但有专业的老年人心理辅导的策略，而且有老年人心理辅导的案例以供学习参考。
>
> 除了介绍一些老年人心理辅导方面的一般知识，以及一些预防和应对老年人心理健康问题的一般方法，还要介绍一些在特殊时间缓解老年人心理困扰的方法。比如疫情期间，我们养老机构要严格实行封闭式管理，暂停家属探访，有些老年人因太

久没见家人，会产生孤独感。我们养老院曾经尝试通过手机视频的方式让老人与家人线上见面聊天，也会定期举办一些休闲娱乐活动来充实老人的生活，缓解老人的孤独感。这本书应该多介绍一些类似的案例和更有针对性的方法。（南沙区养老院L院长）

养老机构的各类工作人员通过在工作中摸索掌握了一定的老年人心理辅导的知识和方法，基本能满足工作的需要。但是，也觉得自己在老年人心理辅导方面还需要进一步的学习和提升。

五、养老机构老年人心理辅导介绍

(一) 养老机构老年人心理辅导概述

1. 心理辅导的含义

心理辅导是指心理辅导人员与辅导对象之间建立起具有心理咨询功能的和谐关系,帮助辅导对象正确认识自我、接受自我和欣赏自我,克服心理障碍,改变心理上的不良意识和倾向。

养老机构老年人心理辅导是指在养老机构中,老年服务社会工作者通过和老年人建立良好的关系,运用心理辅导的系列方法,帮助老年人克服入住养老机构期间遇到的各种心理问题,促进老年人身心健康。

2. 养老机构老年人心理辅导模式

按照不同的心理辅导目标,心理辅导模式可以分为障碍性心理辅导模式、适应性心理辅导模式和发展性心理辅导模式。根据老年人的身心特点,本书中养老机构老年人的心理辅导主要采用适应性心理辅导模式,通过倾听、安抚、支持和鼓励等方法,排解老年人的心理困扰,减缓老年人的心理压力,提高老年人的心理适应能力。

按照不同数量的辅导对象，心理辅导模式可以分为个体辅导和团体辅导。本书中养老机构老年人的心理辅导以养老机构工作人员对老年人的一对一个体辅导为主，一对多的小团体辅导为辅。

（二）养老机构老年人心理辅导的策略

1. 辅导安排要循序

由于老年人的精力有限，每次的辅导时间不宜超过30分钟。前期的辅导主要以聆听和陪伴为主，主要目的在于与老年人建立良好的关系，为老年人提供一个情绪表达和宣泄的渠道，缓解老年人的心理紧张情况。后续的辅导再开始尝试与老年人讨论相关的心理辅导话题，切忌急功近利，否则将事倍功半。

2. 辅导态度要亲切

社工和护理人员要热心地陪伴和鼓励老年人，采取适当的方法，保持耐心和同理心，对老年人的心理辅导要做到一人一案，有计划地对老年人采取针对性的心理辅导，要让入住养老机构的老年人觉得自己是被亲切关注的，而不是被忽视的。

3. 辅导情境要自然

开展心理辅导的时间、地点和环境布置是适合的，而不是刻意的、机械的，如果触动了老年人敏感的心理，反而会造成负面的效果。

4. 辅导深度要适中

老年人经历了很多事情，考虑到老年人的接受能力以及辅导者的处理能力，不建议做太深层次的挖掘，特别是童年、家庭和婚姻等方面的话题，要谨慎触及敏感心理问题，心理辅导要就事论事，适可而止。

5. 辅导流程要简化

由于老年人的感知和思维等都有退化的现象，甚至有部分老年人行动不便，对老年人进行心理辅导时，流程和步骤要因人而异，适当地简化，不追求标准化、流程化和模板化，有效即可。

下 编

养老机构老年人心理辅导案例

一、适应不良的心理辅导

（一）概述

适应不良是指在生活、学习和工作环境发生重大改变时，个体的心理和行为方面无法适应，出现各种异常的情况。

养老机构老年人的适应不良主要是指老年人进入养老机构生活后，在生活环境、社会角色、生理状况和心理状况等各方面的不适应。

养老机构老年人适应不良的主要症状表现在生理、心理和社会支持三个方面：

（1）生理上的不适应主要体现在失眠多梦、肠胃不适和身体活动受限等方面。

（2）心理上的不适应表现为老年人从熟悉的环境转到养老机构以后会感到生活脱离常规。

（3）社会支持的不适应表现为老年人入住养老机构后，与家人和邻居的互动减少，与养老机构内的工作人员或其他老年人交流也不多。

王贵生和燕磊等以 322 名老年人为研究被试对象，研究结果显示，老年人在入住养老机构一年左右（约 14 个月）更容易出现不适应的状况，随着时间的推移，

会逐渐适应养老机构的生活；在入住养老机构两年半左右（约30个月），绝大部分老年人已经适应养老机构的生活。因此，老年人入住养老机构的时间越长，就越能适应养老机构的生活。

（二）辅导案例

80 岁的陈婆婆是南沙街某村人，膝下有两子两女。陈婆婆在入住敬老院前一直与大儿子一同居住，但后来因旧村改造拆迁，大儿子带着陈婆婆在外租房居住。陈婆婆因为患有严重的认知障碍，曾多次因找不到新家而走失。考虑到陈婆婆的生活与安全问题，子女们商量之后，决定将陈婆婆送到敬老院居住，以避免陈婆婆再次走失。然而，习惯每日耕作生活的陈婆婆一时难以适应休闲养生的敬老院生活，产生了较强的焦虑情绪，出现了明显的入住不适应现象。

社工在了解了陈婆婆的家庭情况和生活习惯后，首先认真倾听了陈婆婆的心声，引导陈婆婆将心理压力排解出来，避免不良情绪的积压。同时发动院内同辈老人对陈婆婆进行帮助疏导，借助同辈老人相似的人生经历和生活阅历，帮助陈婆婆接受新的生活。

案例1 点评

陈婆婆的主要问题是生活环境由家庭转变为敬老院后带来的生活方式不适应，使陈婆婆产生了较强的焦虑和负面情绪。而且，负面情绪的积压也使得陈婆婆更加难以融入新的环境，形成了负面循环。对此，社工对陈婆婆进行疏导，让陈婆婆意识到"自己并非唯一不适应的人"，同时因为认识了新的老年朋友，陈婆婆能够更好地适应敬老院内的生活，不再因为无法适应环境而焦虑。

案例2

潘婆婆在2023年8月份的时候入住养老院，入住之后感到很不适应，非常想念家人，晚上经常睡不着觉，养老院提供的饭菜也吃不下。此外，她还会在房间中大喊救命，希望得到护理人员和家人的关注，让家人同意自己回家居住。

对此，社工与潘婆婆耐心沟通，缓解了她离开原来家庭的焦虑情绪。潘婆婆开始明白，以前她是跟丈夫两个人生活在一起，但是现在丈夫年纪大了，没法在家照顾自己，家人平时工作繁忙，来养老院居住也是为了她

的安全着想。潘婆婆告诉社工，她比较喜欢每天有人推着去散步，但是护理员没办法每天都推她去散步，而一直在屋里待着她会感到很不适应。

社工向养老院反映了这个问题，最后帮助潘婆婆请了专职陪护来护理其日常生活，可以每天推她外出散步。逐渐认识养老院的其他老人后，潘婆婆开始感受到养老院生活的快乐，并逐渐融入养老院的社交圈子，能够在养老院中正常生活。

案例2点评

潘婆婆的问题主要来源于离开家庭后产生了诸多生活习惯的不适应，包括无法见到家人、饮食习惯不同、每天被推着散步的习惯被打断等。这种情况在适应不良的老年人中是十分普遍和典型的，通常出现在老年人入住养老机构的前期，老年人的适应能力本来就比较差，原来的生活习惯很难快速改变。在本案例中，社工先是通过多次与潘婆婆谈心，逐渐和潘婆婆建立较好的关系，帮助潘婆婆缓解焦虑的情绪，并逐步调整潘婆婆的想法，然后尽量创造条件让潘婆婆习惯养老院的生活，帮助潘婆婆顺利度过适应期。

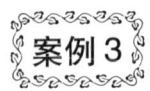

案例3

马爷爷自进入养老院后就不吃不喝,也拒绝交流。在入院评估时,社工了解到马爷爷的一些基本情况:妻子健在,有一儿一女,儿子患智力障碍,女儿已婚。自马爷爷中风瘫痪后,女儿担负起照顾家人的重担。马爷爷的女儿既要兼顾自己的小家庭,还要照顾瘫痪的他和智障的弟弟,压力越来越大。在和母亲商量过后,女儿决定将马爷爷送至养老院生活。马爷爷非常不愿意入住养老院,在进行入住评估时就不停地落泪。

社工在大厅见到马爷爷时,马爷爷坐在桌子旁神色黯然,任凭身旁的护理人员如何轻声细语地劝说,他都不为所动。社工明白,此刻任何的言语劝说都是无效的,于是便与护理人员一起将马爷爷推回房间,同时叮嘱护理人员夜晚关注他的状态。

接下来,社工主动与马爷爷进行沟通,聊他的家庭和亲人,虽然马爷爷言语表达能力受限,但聊到他的妻子和女儿时,他的脸部表情有了明显的变化。为了让老人能尽快适应养老院的生活,消除被抛弃的感觉,社工联系了马爷爷的女儿,建议她提高探访的频率,多与马爷爷交流,多表达家人对他的关爱,让他明白入住养老院只是生活方式的一个改变,并未改变他与家人之间的亲情。当得知马爷爷拒绝进食时，其女儿表示第二天早晨会带一份肠粉过来探望他。第二天早上当社工再次前往马爷爷房间时，看到马爷爷的女儿正在喂他吃肠粉。马爷爷见到社工也微笑着点了点头。当天中午，马爷爷便开始吃饭了，他的心结打开了，作为父亲，他懂得了女儿的不容易。在社工的帮助下，他认识了很多新的老年朋友，学会了跟其他老人打交道，就安心地在养老院住下来了。

案例3点评

马爷爷的主要问题是他认为自己入住养老院是被家人抛弃了，与女儿的亲情淡薄了。这种观念属于不合理信念中的"绝对化要求"，即老人执着于"女儿把我送到养老院就是不要我了""不能和儿女住在一起是不会幸福的"这样的观念，无法接受其他的可能。对此，社工通过让马爷爷的女儿增加探望次数这个办法让马爷爷明白"女儿还很爱自己"，从而打破了老人原本的"女儿不爱我"的观念，使老人心理不适应的情况得以缓解。

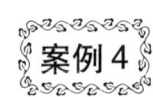

案例 4

75岁的李婆婆入住养老院后,始终想要回家生活,因为她不是自愿入住养老院的,所以十分不适应养老院里面的生活,经常想收拾行李回家。

工作人员经常接到门口保安的电话,说李婆婆又收好行李,坐在保安亭门口准备回家。社工来到保安亭告诉李婆婆,院方会和她的家属沟通,让家属过来带她回家过年,李婆婆才同意回到房间。

李婆婆在家里过完年回到养老院后不久,就又开始收拾自己的行李,想要自行回家,每次都在门口被保安拦住,由护理人员或社工带回房间。

社工通过观察后发现,每次家属探访之后,或者回家之后,李婆婆都会安心地在院里居住一段时间。社工跟李婆婆谈心时得知,李婆婆的丈夫走得早,大儿子十几岁的时候就去外面打工了。李婆婆有4个儿子,其中有两个去世了,李婆婆对此感到十分伤心。李婆婆以前一直在小儿子家居住,平时可以在家里看看孙子,陪陪家里人。来到养老院后,李婆婆不熟悉这里的环境,也没有熟悉的朋友,更见不到儿子与孙子,平时只能坐在屋里发呆。

社工了解李婆婆的情况之后,便带李婆婆参加院舍入住适应活动,帮助她建立起在院舍内的社交圈子。李婆婆找到了几个聊得来的朋友,他们经常一起聊天、散步、吃饭,李婆婆逐渐养成了新的生活习惯,同时,工作人员建议李婆婆的家属增加探访次数,李婆婆逐渐适应了院里的生活,不再时不时想要收拾行李回家了。

案例 4 点评

李婆婆的主要问题是不适应养老院的环境,养老院内没有她熟悉的家人与朋友,也无法参与日常的娱乐活动。对此,社工通过几次沟通了解情况之后,鼓励李婆婆积极参加院内的各种活动,让她在活动中寻找新的朋友和娱乐方式,同时,让李婆婆的亲人增加探望的次数,以缓解老人对新环境的陌生感,从而使李婆婆建立了新的社交圈子,融入了养老院的新环境。

案例 5

在为叶婆婆办理入住手续时,家属表示叶婆婆很想快点到养老院生活,之前还专门打电话跟孙女说担心自己进不去养老院。叶婆婆得知养老院里面会组织一些活动,还有按摩椅,所以特别希望能尽快住进养老院参加活动并使用里面的按摩椅。因此在办理入住手续的时候,叶婆婆也是满心欢喜。

由于疫情,叶婆婆需要在隔离观察区隔离14天,叶婆婆就跟社工说自己吃不惯这里的饭菜,自己平时饭菜的口味重一点,养老院的饭菜太清淡了。社工跟叶婆婆解释说院里的菜单都是由营养师按照老人的营养需求来定制的,而且老人不能吃重口味的东西,清淡比较适合老人的身体情况。叶婆婆表示理解,不过还是觉得饭菜太清淡自己吃不下,想要一瓶豆腐乳来下饭。社工跟叶婆婆说可以帮她买。

过了一天,叶婆婆又表示想回家。社工来跟叶婆婆沟通,叶婆婆表示这里太冷清,跟自己想象中的不一样,还是想回家住。社工跟叶婆婆解释,所有入院的老人都要在这里隔离,等隔离14天后去其他楼层就很热闹了。同时,社工也与叶婆婆的家属沟通,让家属跟叶婆婆打电话,叶婆婆表示愿意再住一段时间试一试。

隔离期结束后,叶婆婆来到四楼居住。每次举行游园活动及看电影活动,叶婆婆都会参加。叶婆婆表示现在住养老院的感觉还可以。

案例5 点评

本案例中的叶婆婆是主动选择入住养老院的,而且,对于叶婆婆来说,在养老院有熟悉的朋友和喜欢的活动，在家反而少有人陪伴，通常这类老人会很快适应养老院的生活。而本案例中叶婆婆产生不适应的原因是被隔离14天和饮食不对口味，因此，在解除隔离并解决了饮食口味的问题后，叶婆婆就很好地适应了。

案例6

吕阿姨刚入住养老院时就表现得非常不适应。吕阿姨65岁时因为中风导致偏瘫，有一边手脚不灵活，语言表达也不清晰。为了得到更好的照顾，她不得不入住养老院。虽然吕阿姨手脚不灵活，语言表达也存在一定困难，但是她的意识却非常清醒。

吕阿姨总是跟社工说，她在这里居住很不愉快，这里哪儿都去不了，每天最多只能在各个楼层转悠一下，在花园坐坐，而且自己手脚不灵活，走得很慢，也不能跟其他身体好的老人一起散步，怕影响别人，讲话也含含糊糊，别人有时候听不懂她在说什么。因此吕阿姨总觉得自己实在不适应养老院的生活。

在与社工聊天时，吕阿姨一直在按摩那只不灵活的手。社工通过观察发现，经过按摩，她手部痉挛有点好转，于是鼓励她继续坚持按摩，并以院里的成功案例激励她。此外，社工还带吕阿姨到院内的康复治疗室，引荐她认识院内的康复治疗师，告知吕阿姨有任何康复需求都可以咨询康复师，他们会给她制定合适的康复方法，以促进她的手部更快地康复，这样她就能跟得上大家的活动节奏，也能更好地融入院舍生活。自此之后，吕阿姨天天都到康复室"打卡"，并且跟好几个一同参加康复的老人都成了好朋友。

入住一段时间后，社工再次探访吕阿姨并询问康复效果，吕阿姨表示自己偏瘫的右侧手脚通过康复锻炼好了很多，她已经能够自己洗澡、洗衣服等。此外，吕阿姨还打开衣柜向工作人员展示自己叠放整齐的衣服，非常骄傲地表示这些都是自己一件一件叠放好的，社工鼓励吕阿姨继续坚持康复训练。

社工还了解到吕阿姨最近身体情况比较稳定，经常自己下楼散步，锻炼身体，促进康复。现在吕阿姨与院友也多了一些沟通交流，更加适应院舍的生活，心情也很不错。

案例6 点评

吕阿姨并不抵触养老机构的生活，她希望自己可以融入养老院，但是，因为身体的原因，无法很好地加入群体之中，导致她无法适应院内的生活。对此，社工为吕阿姨引荐了院内的康复治疗师。在康复室，吕阿姨找到了朋友，并且随着身体状况的好转，可以做的事情增

多了,自信心也重建了,能够和更多的老人成为朋友,逐渐适应了养老院的生活。

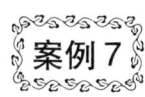

案例7

郑伯伯总是一个人待在敬老院的房间里,不和其他老人聊天,对于护理人员的关心照顾,也有点抗拒。他晚上经常失眠,神情沮丧;白天则经常目不转睛地望着门口,不说一句话。

社工注意到了郑伯伯的这种状态,经常会询问他住得习不习惯、有什么不开心的事情。郑伯伯说:"我想回家和我的家人一起住。在这里什么都好,就是没有我的家人,我住得不习惯。"

社工联系了老人的家属,家属说:"其实送老人来敬老院也是无奈之举,我们每个人都有工作,没有办法时刻看着他。他年龄大了,身体也越来越不好,特别是他的腿有毛病,有次他在家里的厕所摔了一跤,我们也没办法及时发现,因此我们才送他来敬老院,希望有人可以照顾他。他平时很依赖我们,所以我们也猜到他会有点不适应敬老院的生活。"

了解到这个情况后,社工建议家属在老人刚进敬老院的这段时期,可以多和老人打电话聊聊天,多关心老人的生活。社工也鼓励老人跟家属讲一些在敬老院的乐事和趣事。同时，社工让家属把老人在家里常用的、喜欢的物品送到敬老院给老人，让老人更有安全感和熟悉感。

一段时间后，郑伯伯已经适应了敬老院的生活，住得很开心，能和其他老人一起参与活动，经常和其他老人聊天。

案例7 点评

郑伯伯的主要问题是无法适应离开家人的生活，对于陌生环境较为敏感，缺乏安全感。对此，社工一方面让郑伯伯的家属多和他通话，使他的情绪得到安抚，另一方面则是让家属送来郑伯伯常用的、喜欢的物品，降低老人对敬老院环境的陌生感，提高其安全感，帮助老人更好地度过适应期。

二、孤独感的心理辅导

(一) 概述

孤独感是指人处在某种陌生、封闭或特殊的环境中时产生的一种孤单、寂寞和不愉快的情感。孤独感是养老机构老年人中普遍存在的问题。国外有调查发现，54%认知完好的养老院老年人具有孤独感。潘静宜等人对入住养老机构的214名老年人进行调查后发现，我国养老院老年人的孤独感发生率为68.7%。

孤独感会让老年人有寂寞、无助、沮丧、食欲下降、睡眠失调和精神空落等不良情绪反应。与人相处的时候会表现为下面两种情况：

(1) 行为孤僻。对身边的人和事情漠不关心，不闻不问，只做自己喜欢的事情。有些老年人还会出现行为固化的情况，入住养老院以后，也拒绝改变生活习惯和生活方式，比如要在固定的时间和位置吃饭等等。

(2) 情感冷漠。不与人对视，不与人交流，不管身边的人说什么都是面无表情、缄默不语。

（二）辅导案例

案例 1

办理入住养老院手续时，张婆婆显得非常开朗健谈。但是，入住养老院后，张婆婆每次见到社工都会问："我女儿是不是不要我了？"社工解释说，由于疫情影响，办理入院手续后，老人需要隔离观察 14 天，等观察期结束，家属就可以探访了。当然，观察期内如果需要打电话给家人，工作人员也可以帮忙打电话。张婆婆听了以后，明白自己并没有被家人抛弃，也就没有再说什么了。

第二天，张婆婆遇到社工又问："我家人是不是不要我了，为什么还没来看我呢？"社工于是又跟她解释了一次。老人患有阿尔茨海默病，总是会忘记社工说过的话，时常觉得家人不要自己了，想要离开这里。社工每次都会给张婆婆解释清楚，虽然当时张婆婆理解了，但没过多久，又会遗忘。

隔离观察期结束后，张婆婆来到 8 楼，当时 8 楼正在为院里老人举办集体生日会，社工于是邀请张婆婆坐在靠中间的位置，鼓励张婆婆参与游戏。张婆婆在活动中玩得很开心，认识了一些新的朋友，还遇到了自己过去的邻居。现在张婆婆经常与邻居一起散步,一起聊天。张婆婆慢慢适应了养老院的生活,已经不再跟社工说家人抛弃自己了。

案例1 点评

张婆婆认为女儿不要自己这个观念并非来自不合理的信念,而是阿尔茨海默病所导致的,所以无论是家人的电话联系还是社工反复安慰,都无法缓解张婆婆的症状。对此,社工一方面为张婆婆提供心理支持和情绪援助,在张婆婆产生孤独感的时候及时给予情绪疏导,另一方面帮助张婆婆拓展社交圈,帮助她建立新的社会关系,将张婆婆的注意力和记忆点集中于当下的事情,减少"被女儿抛弃"这一想法对她的影响。

案例2

陈阿姨是主动跟家人提出要到养老院的。陈阿姨家庭条件优越,儿孙满堂,生活可以完全自理,平时在家还会自己做饭,闲暇时经常会到附近的公园散步,生活过得有滋有味。但是,因为家中平时只有自己一人,她担心白天独自一人在家时跌倒无人发现,便主动提出到养老院生活。

陈阿姨入住养老院后，非常积极地适应院内的生活，会主动询问院里的作息时间及相关管理制度。当社工介绍相关信息时，陈阿姨非常认真地倾听，遇到不明白的地方还会主动询问。

过了一周，社工观察到陈阿姨偶尔会独自一人坐在角落里发呆。社工和陈阿姨交谈后了解到，陈阿姨对于院内的生活是满意的，但是，因为远离了家庭和熟悉的朋友，在院里一时也没找到谈得来的朋友，偶尔会觉得孤单。随后，社工联系了陈阿姨的家属，建议家属带一些旧照片过来，让她在感觉孤单时可以翻阅以前的照片，并跟社工分享以前的温暖时光。同时，社工还为陈阿姨安排了一些合适的集体活动，鼓励陈阿姨在活动中多与他人交流。经过一个多月的努力，陈阿姨在院里有了一些聊得来的伙伴，也不再感到孤单了。

案例2点评

陈阿姨的主要问题是入住养老院后远离了原本熟悉的社交环境导致产生孤独感。每位老人适应新环境的能力和建立新社交关系的能力是不同的，许多老人在离开了原来熟悉的环境之后，还会常常沉湎于过去的人际关系，不能立刻融入新的社交群体。对于这一类老人，可以通过旧照片和旧物品帮助老人降低对环境的陌生感，

下编　养老机构老年人心理辅导案例

在过去和现在的生活之间寻找共同点,建立过渡的桥梁,帮助老人减轻孤独感,适应现在的养老院生活。

76岁的陈伯伯虽然入住敬老院一段时间了,但是仍旧怀念在家里居住时的生活。他反复与社工聊他以前的生活和人际交往,觉得自己失去了对生活的控制能力,对将来也持悲观的态度:"我可能有一天在敬老院睡着睡着就死了,没人知道,也没人能给我办身后事。"对此,社工努力发掘陈伯伯的人际交往关系,发现陈伯伯喜欢和邻居接触,和相邻两个房间的老人的关系较为融洽,便鼓励陈伯伯多与关系好的邻居一同参与敬老院举办的各项活动,还拜托邻居与陈伯伯保持交流。此外,在经过陈伯伯的同意后,工作人员还为陈伯伯安排了社区服务活动,让陈伯伯闲暇时发挥自己的余热,参与到社区志愿活动中来,重拾自信。渐渐地,陈伯伯便不再悲观,也不再感到孤独了。

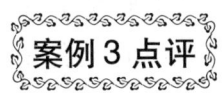

陈伯伯感到孤独是因为感到自己失去了对身体、生活和未来的控制。我们每个人对自己身体、生活的控制

力能够支持我们获得自我效能感、自我价值以及安全感，这对于脱离熟悉环境的老年人而言尤其重要。因此，社工选择从陈伯伯的喜好和擅长的方面入手，帮助陈伯伯寻找喜爱的生活方式，重新找回对生活的掌控感，从而消解陈伯伯的悲观与孤独感。

案例4

丁爷爷总是站在敬老院的大门前看着外面，一看就是一个下午，任凭护理员怎么叫他，他都不愿意回房间。有时风大，只能多给他穿件衣服，但是，这样不是长久之计。

护理员从丁爷爷的话语中了解到，原来因为疫情的关系，敬老院实行了封闭管理，不允许家人探望，老人觉得他的子女很久没有来看望他，是嫌弃他老了，觉得子女抛弃他了。但是，丁爷爷很想念子女，觉得一个人在敬老院很孤独，所以，他就只能站在门口，看看他的子女会不会从门口经过。

在了解到丁爷爷的具体情况后，社工马上联系了他的子女，让老人和他的子女视频聊天，也让他的子女安慰一下老人，让老人明白不是子女们不要他了，只是因为现在是特殊时期，不允许家属进院探望。

经过多次和家人视频聊天后，丁爷爷再也没有站在门口等他的子女了,而是盼望着他的子女和他视频聊天。他也不像之前那样愁眉苦脸了,脸上常常洋溢着笑容。

案例4 点评

丁爷爷的主要问题是产生了误解,老人不清楚防疫规定,误认为子女不来看望自己是因为嫌弃自己。这种观念源于误解,需要强化正面的行为引导。所以在社工用手机让老人和子女进行视频联系后,老人的孤独心理逐渐得到缓解。

案例5

70岁的李婆婆因家里拆迁暂时到养老院居住。由于疫情,家属不能来院探访,也很少和李婆婆联系,因此李婆婆在养老院期间非常想念家人。

社工询问李婆婆平常会有什么活动,李婆婆说除了吃饭、睡觉,便是看电视,身心无所依托。她表示疫情期间见不了家人,也不想交新朋友,心里只想着回家。甚至吃饭时也要护理人员把饭菜送进房间,不与其他老人一起就餐。

社工指导李婆婆使用智能手机和家人进行视频沟

通，在能够和子女保持不定期的电话和视频沟通之后，李婆婆的情绪状况得到了改善。李婆婆对种菜和养花产生了兴趣，院方为李婆婆分配了一小块菜地和两个花盆。此后，李婆婆虽然没有交到很多朋友，但孤独感已经大大减弱，不再时常泪流满面了。

案例5点评

李婆婆的主要问题是暂时入住养老院之后思念家人，又不热衷于交朋友，因此对于孤独感带来的心理困扰的抵抗能力更差。社工一方面为李婆婆提供情绪宣泄的渠道，倾听李婆婆的需求，提供心理支持；另一方面帮助李婆婆保持和家人的电话和视频联系，还以分配菜地和花盆的方式让喜欢独自种菜、养花的李婆婆有了消遣的方式，老人的孤独感自然就减轻了。

三、抑郁的心理辅导

（一）概述

老年人可能会因为特定生活事件、社会角色转变、慢性病或重大疾病等原因，导致出现抑郁症状。

Jane 等人的研究显示，长期护理机构中年龄大于或等于 65 岁的老年人抑郁症状的检出率为 19%。王雅琦等人调查了养老机构的 296 名老年人的抑郁情况，结果显示，养老机构老年人抑郁患病率在入住初期、第 6 个月、第 12 个月分别为 14.9%、20.9%、17.2%。

老年人抑郁症状的主要表现如下：

（1）常伴有焦虑。老年人的抑郁症状常与焦虑伴随出现，有时甚至被焦虑完全掩盖。部分老年抑郁患者常表现出担心、紧张不安，害怕自己和家人遭遇各种不测，表情痛苦，拒饮拒食，夜间失眠，认为自己是累赘，拖累了家人，对家人充满愧疚感。轻者言语刻板、反复诉说其心理痛苦；严重者撕衣服、扯头发、满地翻滚。

（2）认知功能障碍。认知功能障碍是老年抑郁症状的常见表现，比如记忆力、计算力、理解力和判断力下降。

（3）精神运动性迟滞。精神运动性迟滞具体表现为动作缓慢、面无表情、语言减少和反应迟钝。

（4）躯体症状。躯体症状主要表现为自主神经功能紊乱和消化系统功能紊乱。

（5）疑病症状。老年人常因为某一种不太严重的身体不适，四处就诊而疗效不佳，便担心自己得了不治之症，经医生解释也不放心。

（二）辅导案例

案例1

护理人员在日常照料中发现潘婆婆总是愁眉苦脸，唉声叹气，情绪低落，而且连平时喜欢看的电视也不看了，带她出去晒太阳时，她也变得沉默寡言，只是一个人默默地待在那里。护理人员在日常查房中和她交流，发现她经常说："我真的老了，没用了，只会花孩子的钱了，花光了他们的钱，他们不养我怎么办？"

社工和潘婆婆经过深入的交流后，了解到原来老人身体上经常有些小毛病、小疼痛，需要定时服用降压药等药物。潘婆婆觉得自己老了，没有赚钱的能力了，又害怕孩子嫌她总是生病要花钱看医生。

在了解了潘婆婆情绪变化的原因后，社工就和她解释,她是有买农村医保的,看病是可以报销部分医疗费的,不要担心没钱看病。同时,社工联系了潘婆婆的子女,跟他们说明了潘婆婆的情况。潘婆婆的子女听了潘婆婆的担忧之后纷纷表示一定会好好赡养她的。得到子女的这番承诺后,潘婆婆抑郁的心结终于解开了,脸上的笑容又多了起来。

案例1 点评

潘婆婆的主要问题是担心自己身体状况下降,没有收入而拖累子女,又害怕子女遗弃自己,从而产生抑郁心理。老年人对于医疗政策了解较少,往往会进行错误的推测。在本案例中,社工耐心地向老人解释医保政策,强化老人和子女之间的沟通,消除了老人心中的误会,老人也因此逐渐解开了抑郁的心结。

案例2

80岁的李婆婆情绪比较消极,经常表示自己不饿,吃不吃饭都一样。社工安慰李婆婆,告诉李婆婆不吃饭对身体不好,容易导致胃痛。李婆婆坚持说不饿,告诉社工不用叫自己吃饭,也不用再安慰她,还说她谁也不怪,只怪自己没有一个好儿子,才把自己送到养老院。

李婆婆边说边流泪，社工见李婆婆的情绪比较低落，便转移话题，与李婆婆聊其家人的事。通过了解，社工知道，李婆婆的女儿很孝顺，但是，李婆婆家里的事都由几个儿子拿主意，在聊天过程中，李婆婆的情绪稍微好转。

根据李婆婆的身体情况，社工建议家属为李婆婆请专护人员，因为社工发现李婆婆与照顾同房室友的专护人员感情较好，也会经常与这个专护人员聊天沟通。

社工在向领导请示后安排指定的专护人员照看李婆婆，带专护人员进房跟李婆婆沟通，并告知李婆婆她的家人也同意请专护人员。李婆婆听了这个消息后非常高兴。

案例2 点评

李婆婆的主要问题是认为有子女的老人入住养老院不会幸福，自己被儿子送进养老院，是十分失败的。社工通过让李婆婆的子女为她请专护人员的方式，让李婆婆感受到子女为自己的付出，感受到来自子女的温暖，并慢慢理解子女的不容易，不再执着于对子女的不满，抑郁情绪也逐渐消解了。

案例3

丁婆婆入住养老院已经三年多了。她在院内是一名非常受欢迎的老人，个性平和，乐于助人，跟很多老人都聊得来。

有一天，丁婆婆突发中风，行走能力受到限制，必须依靠助行架才能行走一小段距离。丁婆婆的心情也因此受到影响，脸上的笑容消失了，偶尔还会无故发脾气责怪护理员。丁婆婆说："我现在没用了，走又走不了，连一楼我都不敢去了，走远了怕回不来，唉……"原本积极向上的老人变得抑郁、消沉和退缩。

社工想到院里一位六十多岁的吕阿姨，也是因为中风腿脚不便，但是，吕阿姨非常积极地进行康复锻炼。社工将吕阿姨的事告诉了丁婆婆，两位老人通过交流，相同的经历让两人产生了强烈的共鸣，吕阿姨积极的生活态度也感染了丁婆婆，丁婆婆说："对啊，积极康复还有可能走得快点，天天不开心只会越来越差，我也要加油锻炼身体。"平和的丁婆婆又回来了，她开始接受中风的现实，积极地进行康复训练，抑郁的心情逐步好转。

案例3 点评

丁婆婆的主要问题是中风带来的消沉、退缩等郁闷情绪。在本案例中,社工让有类似病情的吕阿姨带动和帮助丁婆婆。吕阿姨作为丁婆婆的现实榜样,让丁婆婆意识到她也有康复的希望,同时吕阿姨的积极康复态度感染了丁婆婆,消除了丁婆婆的抑郁情绪。

案例4

吴奶奶最近变得有些多疑,吃得少了,精神状态也很差,情绪持续低落,夜里睡的时间短,平时也不再喜欢和院里的老人沟通,整个人消瘦了不少,没事她就把房间里的生活用品往窗外扔,还收拾了好几件衣服说要回家。

社工与吴奶奶沟通的时候,她总是这样说:"我年纪大了,不懂得怎么和别人沟通,也不受其他老人待见,活着只能给家里的孩子们带来负担,我不如死了算了。"言语之间充满了郁闷、消极的情绪。

社工安排平时和吴奶奶感情比较好的刘奶奶与她多沟通,举行活动的时候让刘奶奶带着吴奶奶一起参加。护理员在日常起居照顾中会重点记录吴奶奶每天的精神

状况,发觉吴奶奶情绪低落时会及时找社工介入疏导,并且与吴奶奶家人保持联系,让她的家人多关心她,让她感受到大家对她的重视。

后来,吴奶奶情绪慢慢好转,见到工作人员还主动问好,之前向窗外扔东西的情况也得到了明显的改善,与院内老人的相处也融洽了许多。尽管平时吴奶奶仍旧寡言少语,但是郁闷、消极的情绪和轻生的念头已经很少出现了。

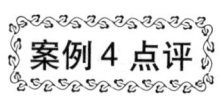

案例4点评

吴奶奶的主要问题是人际交往受阻导致自我评价降低,产生了抑郁情绪。对于一些生活在养老机构的老年人来说,他们的许多行为都需要得到正向的反馈,一旦某一次没有得到正向的反馈,就会对自己产生全方位的负面评价,即产生所谓的"糟糕至极"的想法。本案例中,吴奶奶虽然表示其他老人不喜欢她,但并不代表她不愿意继续与人交往。社工帮助吴奶奶消除部分负面情绪之后,由跟她感情较好的刘奶奶带动她重新开始社交,吴奶奶抑郁的情绪就得到了改善。

四、怀旧感的心理辅导

（一）概述

怀旧就是缅怀过去，是指一种思念过去时产生的复杂的情绪状态。这种情绪可能是正面的（如快乐、温暖），也可能是负面的（如悲伤、失落），还可能是苦乐参半的。

根据发展心理学的观点，人在发展到老年期之后，心理上也进入一个新的阶段。在这个阶段，主要任务是人生获得完善感，避免失望和厌倦感。特别是养老机构的老年人，通过适度的怀旧，在回忆某些人、某些事中产生积极的情感，可以缓解在养老院中的消极情绪。

（二）辅导案例

案例1

简婆婆每次与别人聊天时都会不由自主地提起自己20世纪70年代在北京时的生活，她说自己那时候过的是集体生活，当时几十人一起在军工厂里干活，每天有十几个小时都是在流水线上生产各种军工产品，自己的腰就是在那时候落下了病根。当时人们的物质生活没有现在那么丰富,生活比较枯燥,但是大家一起干活的时光,简婆婆还是比较怀念的。

每当简婆婆与社工讲她过去的事情时,社工总是安静地倾听,跟她一起看以前的照片,听她回忆她喜欢的美食。这可以让简婆婆更好地释放她的压力,但是每次都限定时间,不超过30分钟。同时,社工也会进一步了解简婆婆在院内的生活状况,关注她是否遇到问题,尽量帮助她解决问题,从而避免简婆婆过度沉溺于过去而引发负面情绪。此外,社工还会主动邀请简婆婆参加院内开展的老年大学以及各项活动,扩展简婆婆的社交网络,让她体验到当下幸福的生活。

简婆婆的主要问题是时常喜欢怀念过去。对于这类老人,既不能阻止他们,压抑他们的表达欲,也不能过于放任,使其过度沉溺于过去。在本案例中,社工通过设定时间的方式来限制简婆婆的表达时长,同时用邀请她参加各项现实活动的方式来增强她的现实感,防止其过度沉溺于回忆之中。

案例2

94岁的王婆婆入住敬老院后一直沉溺在自己年幼和青春时光的回忆当中，每天就像是活在过去一样。同时，也因为经常回想起以前穷苦的生活，所以王婆婆经常出现烦躁、易怒、焦虑和抑郁等情况。

为了解决王婆婆的情绪问题，社工和护理员着重关心王婆婆的人际交往情况。社工会适时安排志愿者与王婆婆谈心，鼓励她和院内其他老人交流过去的情况，每周一次，每次都有一个主题。同时鼓励王婆婆参与各项文娱活动，帮助王婆婆学习新的知识，发展新的兴趣，避免她无事可做而沉湎于过去的回忆当中。在护理人员的帮助下，王婆婆开始尝试为自己一天的生活做计划，按照计划来做事，强化与现实生活的联结。在多种渠道的帮助下，王婆婆拥有了相对丰富充实的生活和精神寄托，与周围建立了相对密切的人际关系，不再像过去一样迷恋于往事了。

案例2点评

王婆婆的主要问题是过度沉溺于过去导致和现实脱节，并且经常受到来自过去不良情绪的影响。因为王婆婆的回忆更多导致的是负面的效果,所以,社工更倾向于鼓励王婆婆参与到现实的活动中来,扩展她的社交范围,强化她的现实感,丰富她的精神生活,尽量减少她回忆过去的时间,从而帮助她解决心理问题。

案例3

张爷爷入住养老院已经3个月了,但是社工经常看到他独自一人坐在大厅,既不和其他人聊天,也不看电视,完全沉醉在自己的世界里。了解到张爷爷年轻时喜欢拉二胡和小提琴,社工决定邀请他"重操旧业"。当看到社工拿出二胡时,张爷爷高兴地说:"我以前很喜欢拉二胡,经常下班后和一些朋友一起拉二胡、谈人生,很是惬意。"张爷爷边说边开心地拉起了二胡。沉浸在音乐中的张爷爷浑身散发出耀人的光彩,与平时判若两人。张爷爷说:"我已经十几年没有拉过二胡了,要慢慢熟悉才能拉得像以前那样流畅。"社工对张爷爷竖起了大拇指,希望张爷爷能经常拉二胡,让自己的生活充实起来。张爷爷点点头:"拉二胡让我想起很多以前的事情,挺好的。"就这样,十几年来又重新接触二胡的张爷爷,连续拉了半个多小时。

案例3 点评

张爷爷的主要问题是由于不适应养老院生活而封闭自我，拒绝与人沟通。社工通过寻找张爷爷的兴趣点，邀请张爷爷拉二胡，让他找到过去的快乐，帮助他走出沉迷过去的状态。老人入住养老院，从熟悉的家庭进入陌生的院舍，或多或少都会有点不适应，尽力协助老人重拾旧时的爱好，能够让老人更快地适应养老院的生活。

案例4

李伯伯入住养老院差不多已经一年了，他常常回忆自己年轻时所经历的日子。

有一次，各个楼层的老人都已经吃完晚饭了，有的老人已经回房间看电视了，工作人员在例行全院检查时看到话语亭有一个落寞的背影。走过去一看发现李伯伯一个人站在那里发呆，工作人员便上前打招呼："李伯伯，你怎么走到这里来了？"李伯伯看到工作人员，说："你怎么还不下班回家？"工作人员说："今晚行政值班，不回去了，要为全院的安全负责。"李伯伯笑着说："还是年轻好啊，看到你们就想起我以前年轻时是怎

过来的。"工作人员便顺着话问道:"李伯伯这么感叹是不是有什么心事?"听到这李伯伯便红了眼眶,感叹起来:"我想家了,想家里人了。年轻时跟老婆一起奋斗,那时候我们什么都没有,小孩又小,口粮紧缺,虽然一家几口人日子过得很艰苦,但是心里觉得很幸福。"李伯伯一边说一边摇头,不停地叹气。之后,社工了解到,那天是家属探访日,李伯伯的家人并没有来看望他,而且最近这段时间家人都没有来看望过他。

社工与李伯伯的家属进行了联系,告知他们李伯伯最近有些不开心,很怀念以前的日子。家属表示最近比较忙,会抽时间过来看望李伯伯,也会带一些他喜欢吃的食物过来,可以先跟李伯伯视频聊天。与家属沟通完后,工作人员将这个消息告诉了李伯伯,李伯伯很开心,开始期待家人来看望他。

案例4点评

李伯伯的主要问题是因为思念家人而产生郁闷、焦虑的情绪,进而开始怀念往日的生活。社工通过陪伴、倾听,缓解了李伯伯的不良情绪,同时联系李伯伯的家人,告知家属要提高与李伯伯沟通的频率,从而逐渐消除了李伯伯过度怀旧的消极情绪。

案例5

养老院的护理人员发现郝伯伯总是喜欢收集各种年代久远的物品,就算坏了也不舍得丢。他和别人聊天时经常提起他的往事。"年轻的时候,我怎么怎么样!""想当年,我怎么怎么样!"这些话已经成为郝伯伯的口头禅了。而且老人的生活习惯也一直和他年轻的时候一样,没有改变,面对新事物也有一些抗拒的情绪。此外,因为郝伯伯经常提起他年轻时候的事,也不说其他的事,别的老人想聊一下其他的事也会被他打断,所以其他人不是很喜欢和他聊天,这也影响了郝伯伯正常的社交生活。

社工发现郝伯伯存在这样的问题后,会特意给他介绍现在的科技技术和新鲜的事物。在看电视时,护理员也特意选一些关于时代变革的纪录片给郝伯伯看,让他通过电视来感受这些年的变化。

郝伯伯慢慢地开始发生了变化,他的口头禅变了,也不再是只怀念过去,也逐渐接受新鲜事物了。

案例5点评

郝伯伯的主要问题是过度沉溺于过去的生活,会经

下编　养老机构老年人心理辅导案例

常将过去和现在做对比，并且批判现在的一切事物，很难听取他人的看法。在本案例中，社工并没有选择与郝伯伯直接争辩，而是在获得郝伯伯的信任之后，通过谈话中不经意的、低对抗性的引导来增加他对现代社会的认知。同时用有关社会变革的纪录片和影视片来帮助郝伯伯直观感受社会的变化，逐步改变他的认知，使他过度沉溺于过去的情况得到缓解。

养老院在饭堂举行了一年一度的团年饭活动，饭堂为黄婆婆准备了丰盛的菜肴，如寓意"发财就手"的发菜猪手、寓意年年有余的清蒸鱼和甜甜蜜蜜的红糖糕。但是，当工作人员问黄婆婆是否喜欢吃今年准备的团年饭时，黄婆婆表示，饭堂的团年饭固然丰富多样，可是自己最怀念的还是以前自己准备的年夜饭。

黄婆婆回忆道，虽然现在人们的生活水平越来越好，好的饭菜不必等到过年才能品尝，新衣服不必等到过年才能穿，但是，年夜饭一定要一家人一起准备才有团年饭的味道。现在在养老院吃早餐时，看见红糖糕她都会舍不得吃，因为每次见到这种糕点就会想起以前辛勤劳作的岁月。

黄婆婆表示，她现在在养老院很好，一日三餐不用忧愁,想吃什么都有,自己很喜欢在这里的生活,也很期待养老院越办越好,为老年人谋更多的福利,相信未来会更加幸福。

案例6 点评

本案例属于一个正面案例,黄婆婆并没有什么心理上或行为上的问题。许多养老机构会在节日里举办一些活动,或每周、每月定期举办活动,这些活动对于老年人来说是一个很好的话题切入点。社工可以通过和老年人谈论其过去经历和目前在院内生活的异同,帮助老年人通过回忆往昔来获得幸福感和满足感,通过对比来体现现在生活的好处,在沟通中了解哪些地方还需要改善,更进一步地了解老年人,并通过这种方式帮助老年人将过去和现在连接起来,增强老年人的归属感。

五、无价值感的心理辅导

(一) 概述

自我价值感是个体对自己重要性的肯定和接纳的心理倾向,是个体在关于自己价值的判断、评价的基础上形成的对自己的态度与情感。

若个体对自己的价值评价与衡量是积极的,人就会自信、自豪和快乐,觉得自己有价值;反之,就会自卑、抑郁等,产生无价值感。

无价值感的老年人,经常会表现出自我否定、敏感多疑及逃避、抗拒等问题,主要表现如下:

(1) 自我否定。自我否定指在做任何事情之前,都会习惯性地否定自己。一些老年人入住养老院之后,往往会觉得自己是儿女的负担。当养老院鼓励他们发展兴趣爱好时,他们往往会不假思索地说"我不行,我做不到","我不行,我做不好这事"。

(2) 敏感多疑。敏感多疑指面对各种事情,都会习惯性地持怀疑态度。部分入住养老机构的老年人认为自己没有存在价值,对于他人对自己的看法往往十分敏感。在与人交往的过程中,他们经常会想:"我那么差劲,他们真的愿意跟我做朋友吗?"始终保持着这种怀疑的心态。其他老年人和工作人员的无心之举可能会被误解，伤害到这些老年人脆弱的自尊心。比如，护理人员给别人叠被子，却没有给他们叠被子，他们就会认为护理人员区别对待他们，事实上是因为护理人员认为他们的被子已经叠得很好了。如果他们的儿女因为工作忙没时间过来探望他们，他们又容易胡思乱想，认为儿女抛弃了他们，随之产生巨大的心理压力。

（3）逃避、抗拒。多疑的后果，往往就是逃避和抗拒。比如，部分老年人入住养老机构后，因为离开了家庭和熟悉的社交关系，本来就容易感到孤独，如果家人不常探望联系，便很容易产生被抛弃感。对于老年人而言，失去来自亲属的关怀对于他们的自我价值感打击最大，而自我价值感较低的老年人更加自卑，在构建新的社交关系上更加被动，从而加重了他们的孤独感。还有一些老年人的低自我价值感可能来自失能或疾病。这些老年人会认为自己是一种负担，觉得自己没办法帮到儿女，只会添麻烦，失去了治疗疾病的动力与信心，表现得十分抗拒与消极，这非常不利于老年人的身心健康。

（二）辅导案例

案例1

区婆婆入住养老院已经3个多月了，在院里生活得挺舒心，"有人做饭，不用自己每天去买菜，很好啊。还有人陪我聊天，在家里很闷的"。然而社工发现，虽然区婆婆无任何不适应的情况，但她经常坐在凳子上发呆，尤其在中午，没有午睡习惯的区婆婆显得更加形单影只。

社工与区婆婆交谈，区婆婆告诉社工她之前的人生经历：丈夫早逝，独自带大两个孩子。曾经当过供销社职工，退休后还在市场摆摊做些缝补衣物的活。谈到自己艰难地前往广州海珠区进货的经历，区婆婆仍旧记忆犹新："虽然很累，但是那个时候还是很开心的。"进入养老院后，区婆婆没有了生活的压力，虽然不再需要为一日三餐劳作，但是，她的价值感同时也在削弱，养老院能否为区婆婆创造一些让她实现价值的机会呢？

社工想到让区婆婆做一名志愿者，每天中午协助护理员整理整个楼层老人的干净衣物。对于社工的建议，区婆婆欣然接受，每天中午都兴致勃勃地干活。对于区婆婆的加入，护理人员也非常开心，大家有说有笑，氛围非常融洽。

案例1点评

本案例中，区婆婆能适应养老院的生活，不需要为生活操心。她的主要问题是入住养老院之后，空闲下来找不到事情做，无法感受到自己的存在价值而产生价值感缺失。社工通过陪伴和倾听区婆婆的诉说，缓解其焦虑情绪，然后针对她的情况给她安排了新的角色任务，赋予她新的责任，让她重新感受到自身存在的价值，逐步消除她的无价值感。

老人也需要体现自身存在的价值，他们也能为他人做一些力所能及的事情，并从中得到快乐。

案例2

司徒婆婆刚入院时是一个行动自如的老人，身心健全，经常在院内自由活动，平时也喜欢和其他老人一起下楼散步。但是，经过一个冬天之后，因为高龄，加上身体中风，司徒婆婆的行动能力大幅下降，现在出行需要坐轮椅。社工见到司徒婆婆时，发现她的情绪非常低落，在交谈时她多次表示："我现在没用了，年纪大了什么都不是，不如以前了。"社工及时对司徒婆婆进行相关的心理疏导，同时鼓励司徒婆婆与康复人员一起建立康复目标。在康复人员和社工的帮助下，司徒婆婆从最初需要轮椅出行，到现在可以通过步行器自助走动，身体状况逐渐好转。养老院表扬她是最积极训练的人，鼓励她去帮助更多像她一样的人，她开心地接受了。司徒婆婆通过帮助他人，也体现了自己的独特价值。

案例2点评

由于养老院内一般居住的都是高龄老人，因此无价值感在院舍老人中出现，一般不是因为身份的变化，而是因为身体的变化，老人一下子无法接受。司徒婆婆的主要问题是身体由行动自如变成难以自如出行从而产生价值感低下的消极情绪，这种情绪的转变经常出现在身体机能明显下滑的老年人身上。本案例中，社工通过陪伴和倾听，为司徒婆婆提供情绪的宣泄点，并鼓励司徒婆婆设定目标，逐步通过借助步行器进行康复训练的方式来实现自助行走。身体状态的改善也让司徒婆婆重新感受到自己能够掌控自己的生活，并且能够帮助其他需要帮助的人，从而实现价值感的提高。

案例3

林伯伯入住养老院后不配合护理人员的照顾。社工跟林伯伯交流沟通,林伯伯常常会说自己是无用之人,没有什么价值,不如早点离开人世,不想拖累家人等情绪低落的话。从一个生活能自理的人转变为各方面需要他人照顾的人,林伯伯难以适应养老院的生活,时常感觉自己被家人抛弃了,并认为自己是社会的累赘,找不到存在的意义。

社工通过鼓励林伯伯回顾过往的成功经历和生活中的兴趣爱好,特别是分享他年轻时务农的生活以及为家庭做出的贡献,来帮助林伯伯更全面地认识自我。随后,在征得林伯伯的同意后,社工邀请林伯伯参加院内的园艺种植活动,发挥林伯伯务农种植技术的特长,增强了林伯伯的自我价值感。

案例3点评

林伯伯的主要问题是入住养老院后无法接受自己的生活被养老院安排,无法自己做主,从而产生被家庭抛弃、自己无法掌控生活的消极情绪,自我价值感低下。社工引导林伯伯回忆自己工作和生活中的经历,使他更

好地认识自己,通过过去的成功经验唤起他的自我价值体验,并根据他自身的特长安排他参加园艺种植活动,使他逐步消除无价值感。

案例4

养老院内有一位老人,身体不错,没有明显的疾病,日常生活能自理,但是,他却整天无精打采,郁郁寡欢,做什么事都提不起劲。而且总是一个人坐在房间里,不和其他老人聊天。

护理人员见此状况,非常想帮助他,想让他开心一点,经常主动叫他参加院内的日常娱乐活动。但是这位老人只是对护理人员点点头,表示他知道了,却很少参加。护理人员尝试和他聊天时,他表现得也比较消极。原来这位老人以前是一名教师,退休后他一直想为这个社会做点什么,贡献出自己的一份力量。但是来到养老院之后,他就没有机会做这些事了,觉得自己老了,没有用了,他的存在也没什么价值了。

了解到这位老人整天郁郁寡欢的原因后,社工跟老人说,养老院最近准备开展一个活动,听说你的毛笔字写得很漂亮,能不能帮忙写一些字。老人很愉快地答应了,而且还表示能教其他老年人写毛笔字。

通过参加这些活动,这位老人变得越来越开朗。

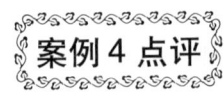

本案例中的老人的主要问题是入住养老院后想继续教书育人的想法无法得到满足，从而产生无价值感。社工通过陪伴和倾听，同时根据老人的个人情况安排其指导其他老年人写毛笔字，或是帮养老院写毛笔字，让老人发挥自己的优势，达成了为社会做贡献的愿望，重新找到了自身的价值。

六、易怒的心理辅导

（一）概述

易怒是一种从轻微到剧烈等不同强度的连续愤怒情绪状态，外部表现主要有脸部表情、肢体语言以及一些攻击行为，生理反应包括心率、血压、肾上腺素和去甲肾上腺素的升高。

养老机构中的老年人易怒，是他们感受到愿望受压抑、行动受挫折、尊严受伤害时所表现的情绪反应，常伴有攻击、冲动等行为。

（二）辅导案例

院里的黄爷爷有一天突然出现情绪激动的情况，天天喊救命，见人就以死要挟。经了解，黄爷爷因为自身疾病导致视力模糊，无法看清东西，想要外出就医，但是家属不同意，使得黄爷爷产生了愤怒的情绪，他自诉服用了沐浴露，并有其他自残行为。

对于黄爷爷这种暴躁易怒的情况，社工并没有与黄爷爷争执，更没有直接批评或者拒绝他，而是选择了迂回的方式。社工通过观察发现，黄爷爷比较喜欢吃东西，便在医务人员的指导下，准备了一些适合黄爷爷吃的食物，每当黄爷爷出现脾气暴躁的情况时，社工就会携带一些食物过去和他沟通，并邀请他一起分享食物，以分散老人的注意力。通过这种方法，黄爷爷的情绪逐渐缓和。医护人员和社工经过跟黄爷爷的家人沟通，了解到黄爷爷以前在家里比较霸道，所有人都必须遵照他的生活习惯，稍有不同，他就会暴躁如雷。了解了黄爷爷的脾气后，社工在跟他沟通时，都会先顺着他的脾气，然后让他明白别人不同的意见不是对他的否定和攻击，不同的意见代表着不同的角度和看法，同时对他进行针对性的脱敏训练，慢慢帮助黄爷爷学会接受他人的意见，黄爷爷恢复了较为正常的生活方式和情绪。

案例1点评

黄爷爷的主要问题是掌控欲较强，无法接受他人的不同意见。社工通过脱敏训练等方法，逐步引导他正确面对和接受他人的不同意见，逐步减少他发怒的次数和冲动行为，帮助他形成新的认知，改变之前用蛮横方式让他人顺从的习惯，从而缓解了他的易怒情况。

罗婆婆在2019年10月入住养老院。刚入住时，罗婆婆的身体状况和生活自理能力都很差，进食、排泄、转移、更衣和洗漱等都需要护理人员帮助，并且需要留置尿管。罗婆婆还非常有"个性"，经常莫名其妙地发脾气，也很抗拒工作人员接近她，护理人员碰了不少的钉子。而且，罗婆婆由于双下肢无力，日常出行都需要借助轮椅，但是罗婆婆却时常自行解开轮椅的安全带，想要起身自行行走，然后又因为双脚无力而频频跌倒，让工作人员很是头疼。很多时候，在保障老人安全和保证老人自由之间，养老机构往往会选择前者。为了避免罗婆婆跌倒受伤，保障罗婆婆的安全，在征得罗婆婆家属的同意后，工作人员对罗婆婆进行了保护性约束。但工作人员发现，罗婆婆非常抗拒这种约束，越是要保护她，她反抗就越激烈，脾气也愈发暴躁。

既然约束不能阻止罗婆婆希望自由行走的心，还会增强老人的不满和对抗心理，在经过讨论后，社工决定改变方式，解除对罗婆婆的约束，并且护理人员还经常推她到户外园林散步，和她交流谈心。社工告诉罗婆婆："您也可以像其他老人一样自由活动，但前提是需要您配合进行站立和行走训练，等您的双腿有力了，就可以自己自由行走了。"就这样，在社工积极的鼓励和引导下，罗婆婆不再暴躁，乐意配合了。经过一段时间的坚持训练，罗婆婆的行走能力得到了明显的改善。如今的罗婆婆，已经与刚入住时的状态截然不同，不再需要借助轮椅出行，可以使用助行器独自行走了，也不需要留置尿管，可以自行如厕，生活基本可以自理，甚至还会帮忙扔垃圾，成为护理人员的好帮手。

案例2点评

罗婆婆的问题主要是执着于要解开轮椅的安全带起身自行行走，不满被约束性保护，这些强烈的挫折感让她脾气更暴躁。对此，社工通过陪伴和倾听来缓解她的焦虑，让她明白自行解脱轮椅安全带的危险性，同时，不要求罗婆婆必须使用轮椅，而是指导并鼓励她借助助步器进行行走训练。罗婆婆的要求并没有被限制，加上她逐步实现生活自理，自然不再产生负面情绪，认为又可以掌控自己的生活，情绪也稳定下来，不再易怒。

案例3

养老院的护理人员发现唐伯伯的暴躁易怒情况逐渐加重，有时在没有受到刺激的情况下也会毫无缘由地开

始大吵大闹。社工介入后引导唐伯伯进行了相关情绪的控制与舒缓。在这个过程中，社工发现唐伯伯的语言逻辑比较混乱，无法进行正常的沟通。通过日常事件的观察，社工认为唐伯伯的情况可能是出现了相关器质性的病变。唐伯伯在情绪激动时甚至会大吼大叫、砸桌子、摔水杯，对周围老人的日常生活产生了很大的影响，同屋的老人以及同楼层的老人都对唐伯伯的行为感到不适与不安，担心唐伯伯会伤害到自己。

根据唐伯伯的身体和心理情况，院内各个部门的工作人员开会后决定，向唐伯伯的家属反映相关情况，并通知家属尽快带他到医院精神科就诊，同时为他准备相关方面的药物，通过药物来控制他的暴躁和易怒行为，以保证院内其他老人以及工作人员的日常生活与工作安全。唐伯伯的家属也非常配合，带唐伯伯到医院就医，并开了相关的精神性药物。唐伯伯服药之后，相关症状有了一定的好转，平时暴躁、易怒和大吼大叫的症状明显减少，基本可以正常生活，不再影响到其他老人。

案例3 点评

唐伯伯的主要问题是器质性病变问题，社工判断出这一点后，及时通知了他的家属，让家属带唐伯伯去就医，使唐伯伯的精神疾病及时得到了治疗，并获得了良好的治疗效果。养老机构在开展老年人身体检查时,也要注意是否存在器质性病变的可能性,并及时敦促老人就医。

案例4

高伯伯又骂人了,原因还是"衣服被人拿走了"。高伯伯患有认知障碍,大部分时间情绪比较稳定,但是偶尔看到护理人员拿他的衣服去洗,他就会大发雷霆,对着护理人员破口大骂,严重时还会动手殴打护理人员。

社工来到高伯伯的房间时,他正在气头上,满脸通红地用手指着从门口离开的护理员破口大骂。社工耐心地询问:"高伯伯,怎么了?"高伯伯仍旧指着门口说:"那个人他偷我衣服,我衣服全都不见了。"社工轻抚他的后背,告诉他:"那些衣服拿去洗了,洗好就会拿回来的。"但是,此时高伯伯听不进任何解释,仍旧在气头上,不断地念叨。社工便陪伴在高伯伯身边,安抚他直到他慢慢冷静下来,也不再解释衣服的去向。待高伯伯冷静些后,社工询问:"我们一起到大厅坐坐好吗?"在得到肯定的答复后,社工与高伯伯一起来到了大厅,离开房间后,高伯伯的注意力也被转移,情绪终于慢慢平静下来,当洗好的衣服被送回来后,他就知道自己错了,并跟护理人员道了歉。

案例4 点评

高伯伯的主要问题是有认知障碍,容易对事情进行错误的认知假设,且拒绝接受他人的意见。对于某些易怒的老人,一旦他们的情绪被"点燃",就很容易失控。这时一切试图解释事实的行为都是无效的,老人只会相信他所看到的事情,空洞的解释反而更容易引起老人的反感。

在本案例中,社工通过安抚和解释缓解老人的情绪,并带老人离开现场,转移其注意力,让老人的情绪逐渐平静下来,待老人能够冷静思考时,再进行解释。当看到洗好的衣服被送回来的时候,老人就知道自己的想法错了,也不再执着于原来的错误认知。

七、执拗的心理辅导

(一) 概述

养老机构老年人的执拗是指老年人在与人交往的过程中,坚持自己的意见或者做法,不听建议,不接受变通,不考虑他人的感受。如果有人试图反驳他们的想法或者指出他们的错误,他们就会暴躁如雷。如果这个时候跟他们讲道理,他们不会做出正常的回应。

养老机构老年人的执拗心理常见的表现有:

(1) 过度警惕。表现为常将他人的行为甚至友好的行为误解为敌意或歧视,或无依据地怀疑被人利用或伤害,从而过分警惕与防卫等。

(2) 过分嫉恨。表现为在与人相处时,常嫉恨别人,特别是对他人过错不能宽容,自己若有挫折或失败,则归咎于别人。

(3) 忽视客观。表现为忽略现实中实际发生的事情,也不相信他人提供的证据,仅凭自己的想象,以自己想象的"事实"为真。

（二）辅导案例

案例 1

谭婆婆对某些事情表现出偏执和执拗，坚持认为隔壁的奶奶偷了她的丝巾和钱财，并且反反复复找不同的工作人员反映这件事情。

谭婆婆坚持认为隔壁的奶奶偷了她的东西，如果想通过劝说去改变她的想法是很难的。因此，社工的办法是让她看到充分的证据，带她查看院舍楼层的监控，让她亲眼看到她说被偷东西的那段时间并没有人进过她的房间。然后社工与谭婆婆在她平时经常去的地方以及房间放物品的柜子去寻找，最终找回了她的丝巾和钱财。原来谭婆婆是到活动区打麻将时，随手将随身东西放在了旁边的座椅上，忘记带走了。找到东西后，谭婆婆也意识到错怪了别人。

案例 1 点评

谭婆婆的主要问题是当找不到自己物品的时候，便基于主观臆想下结论是隔壁的奶奶偷了她的东西，而且坚持不改变观点。在本案例中，社工通过带谭婆婆查看监控，检查证据，从而让她了解她的主观臆想是存在错误的，并协助她进行寻找，在找到她丢失的物品后，她执拗的看法自然就改变了。

陈婆婆非常固执，入住养老院后经常要求院方按照她的方式来做事。比如，空调一定要按照她的方法来安装，体检测量血糖时也要按照她的方法来测量，否则她就认为测量方法不准确。陈婆婆的执拗经常让护理员无所适从。此外，陈婆婆在遇到有可能侵犯自己利益的事情时，情绪会更加激动。

社工和护理人员通过耐心陪伴，逐渐获得了陈婆婆的信任。社工和护理人员了解到陈婆婆经常提出要求是因为她和院方、护理人员及社工缺乏沟通交流，她对护理自己的年轻社工缺乏信任，觉得护工的做法不对。之后，社工和护理员经常同陈婆婆聊天，让陈婆婆多了解不同的血糖测量方法等，开拓她的视野。渐渐地，陈婆婆可以听进去其他人的意见，不再一意孤行了。

案例2点评

陈婆婆的主要问题是要求院方按照她的方式来做

事，她坚持认为只有她的方法才是正确的，其他的方法都是错误的。社工通过耐心解释，让她明白一件事可以有多种解决方法，并让她放下戒心，学会接受他人的意见。

案例3

"医生，你快点帮我开支针打吧，我的头真的很晕，很不舒服啊。"这已经是陈婆婆当天第四次找医生要求打针了。

经过医生的评估，陈婆婆身体并无大碍，而且上午已经给她服用了止晕的药物，生命体征监测也并无异常。医生耐心地跟她解释："陈婆婆，你身体没什么大问题，而且上午还给你吃了止晕药，头晕症状要慢慢才能改善。"陈婆婆根本听不进去，摆摆手，做出一副难受的模样："医生，我以前也是这样，每次头晕外面的医生都会给我打针，一打就好了，你还是给我打一针吧，我谢谢你了。"无奈之下，社工想了个好主意，嘱咐护士给陈婆婆"表演"打一针。

护士推着发药车来了，"陈婆婆，你准备好，我要给你打针了"。陈婆婆一听说要打针，马上开心地坐在床上等待护士的操作。护士拿了两支棉签，沾了一下碘酒，告诉陈婆婆："我要开始打针了，有点痛，你要忍一忍哦。"陈婆婆说:"没事,你打吧。"只见护士右手的棉签在陈婆婆的臀部肌肉上轻轻地按压了下去,左手的棉签在右手棉签的周围缓缓地移动。过了几秒钟,护士说:"陈婆婆,针打完了,你整理一下裤子吧。"陈婆婆轻快地整理好自己的裤子,口中还念念有词:"我都说要打针才能好的,现在好了,很快就不晕了。"

陈婆婆是失智症患者,有时候过多的言语解释对于这类执拗的老人并无效果,"见招拆招"才能解决问题。

案例3 点评

陈婆婆的主要问题是因为患了失智症,所以坚持认为自己头晕并要求医生打针。社工通过聆听她过往治疗头晕的经历,并顺从她的要求,给她表演"打针",满足她内心的需求,起到了安慰剂的效用,解决了陈婆婆因执拗带来的心理困扰问题。

案例4

养老院有一位老人性格刚烈,常常以自我为中心,不听取他人的意见,还经常因为一些小事和护理人员或者其他老人产生摩擦,甚至发生口角。在日常照料中,护理人员会纠正老人的一些不好的生活习惯,但老人会

强烈抗拒,继续坚持自己原来的生活习惯,不做出改变。这位老人表现出较为明显的执拗情绪,护理人员对此也感到非常无奈和无助。

社工进一步了解到,这位老人在年轻的时候曾经当过兵,而且性格本身就比较强势,不容他人质疑。对待家人他也是这样的态度,凡事都要他拍板做主,其他人连提意见都不可以。

考虑到这位老人态度强硬,社工没有直接和他进行交流,而是从他的子女入手。虽然这名老人性格比较执拗,但由于年龄比较大,他还是较依赖自己的子女,子女们说的话他可能会听进去一点。社工就和他的子女沟通,将这位老人在院内的情况告知他们。老人的子女觉得父亲这样下去不是办法,也主动劝解父亲,希望父亲可以收敛一下脾气,多站在对方的立场想一想。社工也经常和这位老人谈心,引导他将不满的情绪以一种平和的心态说出来,学会理解他人。

在社工和家人的共同努力下,老人的态度转变了很多,虽然有时还是会以自我为中心,但是,不会像之前一样执拗、强硬,别人说得对的地方,他也会听取。

案例4 点评

本案例中的老人的主要问题是个性强势,希望所有事情都按照他的意愿来进行，相信自己的看法才是唯一正确的。在本案例中，社工并没有选择独自去改变老人的看法，而是请对老人影响更大的人共同配合，逐渐改变老人的观念，使老人不再那么执拗。

八、死亡焦虑的心理辅导

(一) 概述

死亡焦虑是个体想到与死亡相关的事件时所产生的担忧、不安、焦虑、恐惧等一系列的消极情绪。

相关研究显示,养老机构老年人的死亡焦虑比较普遍,并显著高于居家养老老年人。

养老机构老年人的死亡焦虑往往通过隐藏和伪装转化成各种症状,是他们诸多困扰、压力和内心冲突的根源。例如,有的老年人常因为一点点胃部不适便吵着要家人带着四处求医:"我是不是得了胃癌?为什么没有检查出来?"老年人有时候并没有意识到或不承认自身存在死亡焦虑。

(二) 辅导案例

案例1

最近,院内有位老人脸色很差,情绪低落,经常整夜失眠。护理人员联想起老人在前不久经常说自己腿疼,还拜托他们帮忙买镇痛膏药。护理人员担心老人是不是因为腿疼，睡眠质量和情绪状态受到了影响。但是在日常查房以及和老人进一步交流时，老人说："我的腿不疼了，上次的膏药效果不错。"虽然老人说他的腿已经没事了，但是他在和护理人员交流时，还是非常惆怅，感觉不太开心。社工在对这位老人进行心理疏导前，先和他的家属进行了沟通，了解到老人的一个哥哥最近身体不好住进了医院。于是，社工到老人的房间和他聊天，并提到了他的哥哥。经过深入地了解，社工发现原来老人是害怕自己腿疼复发，像哥哥一样要住院。他既担心浪费家里的钱，又害怕脚疼治不好，想着想着他觉得自己快死了，然后越想越害怕，害怕得晚上都睡不着。一想到自己快死了，他就没有心情干其他事情了。

　　社工建议他去医院做个全身检查，看看自己的身体有没有问题，不要整天胡思乱想，这样会影响身体健康。此外，社工还建议他多和敬老院的其他老人聊聊天，一起看电视，一起晒太阳，享受生活。后来这位老人去做了身体检查，并无大碍，心情变好了，也经常参加活动，整个人都变开朗了，晚上也没有发生失眠的情况了。

案例1 点评

本案例中的老人的主要问题是因为哥哥生病住院引发他对自己腿疼复发的担心，进而害怕自己死亡，产生了死亡焦虑。社工建议老人进行全面的身体检查，用实际检查结果消除了老人对于死亡的恐惧。老人的焦虑来源被消除了，所以他的死亡焦虑也得到了缓解。

案例2

叶婆婆虽然97岁了，但是身体状况还可以，血压、血糖都不高，日常的照料也只需要护理员为她送水、送饭，叶婆婆还可以自行整理床铺，洗头、洗澡也都自己动手，视力、听力都正常，平时还带头读报给院里的其他老人听。叶婆婆平时对自己的身体非常重视，在饮食方面也十分注意，因为最近偶尔出现头晕、腿软的情况，所以她提出了全面照顾护理的需求，生怕哪一天头晕，腿一软，就这样离开人世。针对叶婆婆的情况，养老院对她进行了一次身体检查评估。医生诊断叶婆婆头晕是天气冷导致的脑血管收缩和硬化所引起的，并没有生命危险，并告诉叶婆婆这是老人常见的症状，提醒她不必过于担心，按照平时正常饮食、正常休息，注意保暖就可以。护理人员在这段时间也加强了对叶婆婆起居饮食的照顾。在大家的关心下，叶婆婆逐渐恢复了平常心，又可以继续参加养老院日常开展的活动了。

案例2 点评

叶婆婆的主要问题是因为年纪较大，气候变化使得身体状况有所改变，超出了她的预计，从而产生死亡焦虑。养老院在稳定叶婆婆的情绪后，通过专业检查，找到了她身体状况改变的原因，消除了她对未知情况的恐惧，缓解了她的死亡焦虑。

案例3

施爷爷隔壁房间的老人因心脏病发作离世了，这引发了他的焦虑。老人离世后一个多月，施爷爷还是睡不着，或者会半夜醒来，总觉得自己快要死了。施爷爷并不担心自己患上某种疾病，但他总是不断去思考自己什么时候会死，以及死亡的过程。他担心自己会缓慢且痛苦地死去，只要想到要告诉孩子自己即将死亡的消息，他就会感到悲痛欲绝。因为对死亡的焦虑，施爷爷开始信佛，佩戴佛珠，早晚念经，但是这种信仰并没有缓解施爷爷的焦虑，他还是苦苦挣扎于死亡的问题上。从那之后，施爷爷不再打开孩子的相册，因为他认为看到孩子从婴儿逐渐长大的样子会让他非常难过。对于施爷爷来说，过生日也会使他感到焦虑。

施爷爷对死亡的恐惧影响了他的社会功能，使他无法正常生活。社工了解后，与他聊天，特别是谈到他两个孩子都是重点大学的研究生时，他非常骄傲。于是社工跟他的两个孩子联系，施爷爷的两个孩子先是电话跟他沟通，并带上孙子、孙女过来探望他，还预约了医院，带他去做了全身检查，并通过专业的护理调理了一周。在这之后，施爷爷的生活状况逐渐好转，晚上的睡眠状况也好了许多。

案例3 点评

施爷爷的主要问题是因为隔壁房间的老人因病死亡，便开始担心自己也会死亡而出现死亡焦虑，害怕自己睡着就去世了。社工通过安抚和陪伴，缓解其焦虑情绪，并建议其子女过来陪伴并安排施爷爷住院调理。在医生确认施爷爷身体没有太大问题后，老人的死亡焦虑就慢慢被消除了。

案例 4

周婆婆入住养老院以来长期卧床，与他人交流较少，偶尔才与朋友打电话，她感觉无人关心自己，对生活失去了兴趣，觉得活着没有意义，所以产生了"死"的念头。

社工了解到周婆婆基本的身体情况后，一直陪她聊天。周婆婆讲述了自己中风20年，仍旧坚持锻炼，与疾病作斗争的经历。社工对此给予周婆婆充分的肯定和鼓励，并引导她分享更多的故事。在交谈中，周婆婆长期积累的负面情绪得到了宣泄，焦虑情绪得到了缓解。

社工随后邀请院舍内的老年志愿者到周婆婆的房间探访，关心她的身体健康，希望她能以正常的心态去接受身体上的变化，并给予周婆婆生活上的鼓励和安慰。

周婆婆生病后得到了亲人、朋友的关心，再加上自身病情逐渐得到好转，周婆婆更有活下去的动力了。

案例 4 点评

周婆婆的主要问题是疾病导致的严重身体疼痛使她

无法忍受，并因此产生死亡焦虑。社工通过安抚她的情绪，让有相同经历的老年人与其沟通等方法，逐步缓解其焦虑情绪，使她慢慢接受患病的现实并积极地生活。

参 考 文 献

[1] 中华人民共和国民政部.养老机构管理办法［EB/OL］.（2020－09－01）［2023－10－08］.https：//www.gov.cn/gongbao/content/2020/content_5565826.htm.

[2] 胡祖铨.我国机构养老服务的模式分析［EB/OL］.（2015－07－24）［2023－10－08］.http：//www.sic.gov.cn/news/459/4999.htm.

[3] 中华人民共和国中央人民政府网.中华人民共和国老年人权益保障法［EB/OL］.（2005－05－25）［2023－10－08］.https：//www.gov.cn/banshi/2005－05/25/content_952.htm.

[4] 崔红艳，武超.人口老龄化及其衡量标准是什么［EB/OL］.（2023－01－01）［2023－10－08］.http：//www.stats.gov.cn/zs/tjws/tjbz/202301/t20230101_1903949.html.

[5] 广州市卫生健康委员会.广州市发布2021年老年人口和老龄事业数据［EB/OL］.（2022－12－20）［2023－10－08］.https：//www.gz.gov.cn/xw/zwlb/bmdt/content/post_8722234.html.

[6] 薛婧，黄希庭.怀旧心理研究述评［J］心理科学进展［J］.2011，19（4）.

[7] Kurt Pawlik, Mark R. Rosenzweig. 国际心理学手册: 下册 [M]. 上海: 华东师范大学出版社, 2002.

[8] 王兆鑫. 我国公办养老机构改革试点研究 [D]. 成都: 西南民族大学, 2018.

[9] 李放. 深化公办养老机构管理体制改革 [J]. 社会福利, 2015 (8).

[10] 张贝. 上海公建民营养老机构运营模式研究 [D]. 上海: 上海工程技术大学管理学院, 2020.

[11] 徐建红, 陈建梅. 我国民营养老机构发展存在的问题与对策研究综述 [J]. 对外经贸, 2017 (1).

[12] 沈红媛, 李伟锋. 广州283家养老机构, 城市生活地图可一键查询 [N]. 南方都市报, 2023-02-17 (5).

[13] 杨喜茵. 养老机构增长速度较快, 民办养老机构已成主力 [N]. 新快报, 2023-08-17 (8).

[14] 龚雯. 基于心理需求的机构养老服务研究 [D]. 上海: 上海交通大学国际与公共事务学院, 2011.

[15] 刘晓丽. 让心育在儿童的精神世界如花绽放: 体验式班级团体心理辅导的尝试 [J]. 教书育人, 2017 (4).

[16] 范力尹. 老人入住养老机构的生活适应经验之探讨 [D]. 新竹: 玄奘大学社会福利学研究所, 2008.

[17] 高梅书. 论养老机构中社会工作的介入: 基于南通市养老机构的实证调查 [J]. 社会工作, 2009 (10).

[18] 刘志文. 安阳机构老人生活适应之调查研究 [D]. 彰

化:"国立"彰化师范大学辅导学系,1999.

[19] 沈渔邨.精神病学[M].5版.北京:人民卫生出版社,2015.

[20] 曾惠文,王亚亚,金晓燕,等.养老机构老年人社会适应能力现状及其影响因素调查[J].中国护理管理,2014,14(5).

[21] 朱智贤.心理学大词典[M].北京:北京师范大学出版社,1989.

[22] 陈侠,潘胜茂,唐省三.老年人入住养老机构的心理体验[J].全科护理,2016,14(30).

[23] 潘静宜,黄晓洁,管娅琦.浙江省养老机构老年人孤独状况与社会网络的关系研究[J].护理与康复,2018,17(8).

[24] 刘诗祺,秦思,白惠琼.怀旧疗法对成都市养老机构老人孤独感的影响[J].中国老年学杂志,2018,38(9).

[25] 张纯,丁四清,谢建飞,等.老年人抑郁的研究进展[J].解放军护理杂志,2021,38(7).

[26] 黄文,李金,陈奇峰.老年人认知功能损害的影响因素分析[J].预防医学,2020,32(11).

[27] 张妍,袁红,金亚清,等.嘉定区居民自评健康状况及影响因素分析[J].预防医学,2020,32(9).

[28] 史华罗.中国历史中的情感文化:对明清文献的跨学

科文本研究[M].北京:商务印书馆,2009.

[29] 彭耽龄.普通心理学[M].北京:北京师范大学出版社,2022.

[30] 宋科.养老机构内自理老年人死亡焦虑的个案社会工作研究[D].西安:西北农林科技大学,2016.

[31] 戴艳,刘方.老年人死亡焦虑的研究综述[J].湖州师范学院学报,2018,36(12).

[32] 白福宝.论死亡焦虑的本质[J].医学与哲学,2015,36(10).

[33] Drageset J, Kirkevold M, Espehaug B. Loneliness and social support among nursing home residents without cognitive impairment: a questionnaire survey[J]. International Journal of Nursing Studies, 2011, 48(5).

[34] Cuijpers P, Smit F. Subthreshold depression as a risk indicator for major depressive disorder: a systematic review of prospective studies[J]. Acta Psychiatrica Scandinavica, 2004, 109(5).

[35] Ludvigsson M, Bernfort L, Marcusson J, et al. Direct costs of very old persons with subsyndromal depression: a 5-year prospective study[J]. American Journal of Geriatric Psychiatry, 2018, 26(7).